JN153415

樹木への旅
迫正廣
せせらぎ出版

樹木への旅　はじめに

本エッセーは主として２０１４年から２０２４年にかけて大阪小児科医会会報（年４回刊行）にシリーズで掲載されたものをまとめたものである。趣味が囲碁であり、山歩きをするようになって樹木が好きになった。樹木への旅と題したが大好きな司馬遼太郎さんの「街道をゆく」の中に出ている木を見て回ったりしたことや、本に出てくる樹木から広がる自分の体験や思索を幾分かメディカルエッセー風に書いたのが本エッセー集である。書き続けた理由等についての詳細についてては「樹木への旅　旅の終わりに」に載せたがそれが前書きにも相当するかもしれない。毎年一月号には樹木への旅とは違う年頭用のエッセーにしたので第一部の樹木の旅とは別に第二部に随想としてまとめた。また同じ旅のシリーズとして囲碁雑誌に書いた世界囲碁旅行も第三部にまとめていれてもらった。医者をベースにしながらも山や樹木・囲碁や旅行は自分の人生にとっては大事な部分を占めている。だから私の中ではそれらのエッセーは別々なものではなくお互いにつながりあっているように思えるので同じ仲間として一緒に入れてもらってもいいかと思っている。

樹木への旅

樹木への旅

トチの木の物語

55歳で早めにセミリタイアして山歩きをするようになってから木が好きになった。年を経た巨樹には本物の持つ本質的な美しさがあるし、また雑木林も季節ごとに美しい。本当は森や林の中を歩くのが好きで山に行っているのかもしれない。

司馬遼太郎さんのオランダ紀行（街道をゆく35）の中のシーボルトの栃の実という章に次のような文章が出てくる。

ライデンの植物園の園内の芝生に、大きな日本のトチ（栃）の木があって、九月下旬だというのに、枝も葉も大茂にしげり、茂るあまり、枝や葉が地面に垂れていた。実がたくさん地面にころがっていて、ティルさんが少女のような表情で、その一つをひろった。「このトチの木はシーボルトさんが持ちかえったんです」

私はシーボルトがもち帰ったというトチの大樹を仰いで旧知に出あったおもいがした。

ただ、ヨーロッパの気候や土壌になじんでそうなったのか、樹相が西洋トチに似てきているようにもおもえた。

この本を読んで以来、私は司馬遼太郎さんが仰いだトチの木を見たいと思っていたが、念願がかなない、歌枕を訪ねるようにオランダのライデンを訪れたのは2013年の4月の末だった。あとになって思えば幸運な偶然だったが、オランダに行く1週間前に山歩きで雪の残る京都北山の廃村八丁を訪れていた。よくこんな隔絶されたところに人々が住んで生活を営んでいたものだなと感心したが、そこには樹齢数百年もあるトチの巨樹が10本ほどまとまって生えていた。昭和初期に廃村になるまで古来より大切な食料提供する木として人々と共に生き、大切に育てられたからこそ切られることなく巨木に育っているのである。そのトチの木々が人々の去った廃村で昔と変わることなく春が来ていっせいに赤茶色のとんがり帽子のような新芽を芽吹いていたことが感動的だった。

シーボルトのトチの木（オランダ・ライデン植物園）

ライデンの植物園を訪れてそのトチの木の前に立ったとき私が見たのは司馬遼太郎さんの見た9月下旬の枝葉の茂った木ではなくあの廃村で見たトチの木と同じように赤茶色の新芽を芽吹きつつある木だった。同じ仲間の西洋トチの木はマロニエと呼ばれ、ヨーロッパの街路樹の代表的な木であるが、20メートルほど離れた隣にある西洋トチの木はもうすでに多くの新緑の葉を茂らせていた。葉が茂ってしまえば両者を区別することはできないだろう。

日本から来たトチの木が江戸時代の歴史を内包しつつひとり外国の地で180年たった今も日本の季節を忘れず、日本の仲間と同様の時を刻み続けていることに、愛しさとか健気さというかそんなものを感じて涙が出そうだった。

本来の医者というより当時最先端の学問であった博物学（natural history）に興味を持っていたシーボルトは国禁の日本地図を国外に持ち出そうとしたことが発覚して日本から追放されたのであるが、持ち帰ったトチの実をライデンの植物園に植えたのは博物学的な意味だけではなかったであろう。私も長女が生まれたあと建て売り住宅の狭い庭に杏の木を植えた覚えがある。人間の行為は古今東西変わるものではないと思うがゆえに、シーボルトが木を植えたのは日本に残した妻と2歳の女の子を思ってのことに違いないと確信する。イネと名付けられた女の子は長じて日本初の産科医になるのである。そのことは小説にもなっているが――。あるいは自分の日本へ思いと人間としての有限の命を木の生命に託したものかもしれない。そう思うと多くの歴史と情念を内包しているシーボルトのトチの木そのものが詩であるといってもいいくらいである。偶然にも私は司馬遼太郎さんとは違う季節に来たがゆえに自分の中ではさらにプラスした感動を覚えた。

さて最近の新聞に朽木村の樹齢数百年のトチの巨木が一本5万円程度で材木業者に買い取られ2年で50～60本が伐採されたという悲しい記事が載っていた（読売新聞2013年11月14日）。巨樹にはそれぞれの物語があり、もう個人の所有を離れて、有形無形にもはかりしれない存在価値があるはずなのにと思うのである。

司馬遼太郎さんのシーボルトの栃の実の章は以下の文で終わっている。

私も、トチの実をひろった。ふとこのトチの実をもちかえって日本で育てることを夢想した。繁茂したあ

と、その樹相のちがいをながめたりすれば、もう一つの物語ができるのではあるまいか。

実際に司馬遼太郎さんが日本に持ち帰って植えたかどうかを私は知らない。もし日本で育っていたら是非見に行きたいものである。さらに思うのだが、このシーボルトのトチの木の実をたくさん持ち帰りシーボルトと司馬遼太郎さんの名を冠して日本中の多くの学校に植えたらどうだろう。いつの日か大きく育ったトチの木とその物語は感受性の高い青少年の国際交流・文学・医学・植物学・歴史学・生態学などへの隠れた才能を強く刺激するものになるにちがいない。今日、医療の分野ではEvidence based medicineだけでは不十分なためにNarrative based medicineが喧伝されるようになったが、これと同様、物語を教えるNarrative based educationというものがあるとしたら、その木は青少年の教育にコストパフォマンスのよいすばらしい教材のみならずお金に代えがたい宝になりうるのではないだろうか。

（大阪小児科医会会報　２０１４年1月号掲載）

司馬遼太郎記念館のトチの木

後記

トチの実は別の関係者が持ち帰り、司馬遼太郎記念館の庭に植えられている。

松の風景

故郷の山（金峰山・きんぽうざん）

司馬遼太郎さんは松の作る風景をいくつかの紀行記の中で次のように書いている。

「われわれの故郷についてのイメージの底にはかならず松が作る景色があるように見える。」（街道をゆく7　明石海峡と淡路みち）

『海は松原越しにながめるのがもっともいいという「古今」「新古今」以来の美的視点が牢固としてわれわれの伝統の中にある。この点気比の松原をもつ敦賀は日本のどの地方よりもめぐまれている。弓なりの白沙の汀にざっと一万本の松が大いなる松原をなしている景観というのは、ちかごろの日本ではもはや伝統の風景というより奇観ではあるまいか。』（街道をゆく4　気比の松原）

故郷の松林

私にとっても故郷は松の作る風景と切り離せない。

私は鹿児島県の弓を引く吹上浜の傍で子ども時代を過ごした。私が幼いころ亡くなった母の実家があったからである。小学生時代の春休み、夏休み等、ほとんどをそこで過ごした。東シナ海を望む砂丘に防風林として植えられた松林は大きく育っていて、人々の暮らしと密接に関係していた。正月前の決められた日には村の人々が松林に総出で入り、松葉や枯れ木を集め、リヤカーに山のように積んで持ちかえり、各々の一年の燃料にしていた。清められた松林では、松露がとれ、戦時中に松脂を採取したV字の傷が幹に残っていた。高校時代だっただろうか、日本中に松くい虫の被害が広がり枯れてしまった大きな松が切り倒されるのをわが身を切られるような悲しい思いでみたが、松林に囲まれた祖父の家で過ごした子ども時代の風景はずーっと記憶の中に残っている。子どもの頃には当たり前だった風景が年を経るにつれ記憶の中ではますます美しくなるのである。だから私は松林を歩くのが好きである。その嗜好は年々強くなっている。

司馬遼太郎さんは松林の様子を「赤松はその点仲間とのあ

いだに距離を置き、密をきらい疎を好み地面まで日がとどき風も通す。遠望してもあかるい。」（街道をゆく10 羽州・佐渡）と書いている。

私の中の松林の風景はその通りで、まさに松の本質を「密をきらい疎を好み」という一言で文学的に表している。このような文章を反芻しながら風が透きとおる様な松林を歩くのは気持ちのいいものである。何よりもその香りが心地よいものとして脳にしみついていて、故郷を思い出させてくれる。大阪では長居植物園に100m程の間ひとむらの松林があり、故郷を思い出すために時々訪れる。ふるさとのなまりを上野駅に聞きに行った啄木の心境に似ているかもしれない。四季折々の松林を歩いてはじめて香りの強弱に気づくことがある。3月になると松の香りが強くなる。冬から目覚め木が活動し始めているためであろう。

フィトンチッドを嗅がせるとそれだけで血圧が下がり、脈拍が減るという高血圧専門の医学部教授の講演を聞いたことがある。ストレスの指標であるコルチゾールも下がるそうである。森を歩くとさらに良いらしい。一方同じグループに街中を歩かすと血圧は若干減るが脈拍は上がるということである。このように木々は人間の自律神経系への好ましい影響を与えてくれる。司馬遼太郎さんは人に安らぎを与えるのは樹木だけだと書いている。古来日本人は精神や身体への影響を体で感じていたが現在はそれが科学的に証明されるようになった。逆に言えばそのような方法でしか身体や脳が分からなくなってきているということかもしれない。

作家のリービ・英雄氏の言によれば何歳になっても大人の芸術家が子ども時代の風景を捨てず、創作活動の核にするという。そのことはなにも芸術家に限らず一般の人にも当てはまることと思われる。心の中にそのような故郷を持ち続けるということは幸せなことである。知らず知らずに心の根っこのようなところで自分を支えてくれているような気がする。そういうことを「地霊の加護に守られる」というのかもしれない。

私に限らず松は日本人の心に沁み込んでいるように思える。学者によれば江戸時代に、各藩とも防砂や殖産の為に、塩害に強く貧栄養な立地条件でも生存できるクロマツ林を成林させたので「白砂青松」と、日本人にとって見慣れたマツ林の起源は、このあたりにあるとしている。

一方、紀貫之が京へ帰るときに書いた土佐日記には「かくて、宇多の松原をゆぎすぐ。その松のかずいくそばく、幾千年経たりと知らず。もとごとに波うちよせ、枝ごとに鶴ぞ飛びかよふ。」という風景描写があるが、この風景を想像するだけでも美しいし、よく書き残してくれたものだと感謝したくなる。学者の言はさておき、平安時代をさかのぼる昔からこのような風景は日本中いたるところにあふれていて、それが日本人の心や美意識を育んできたのではないかと信じたい気持である。

このように松の作る風景は私たちの心象として日本そのものであるようである。それがよく分かるのは最近新聞で読んだ元ソ連に抑留されていた人の話である。船上からみた舞鶴港のそばに生えていた一本の松が忘れられないという。シベリアで何回も行き先をだまされ過酷な苦役が待っていた経験から、その景色にようやく帰国を実感したということである。シベリア抑留者で死亡した人の名簿が発見され一人ひとりの名前が新聞一面に載っていた。50万人が抑留され過酷な労働の中で5万人が死んだという事実は知っていたが、単なる数字ではなく個人の名前が出ていると、この人達に続く多くの人々が生まれることなく途絶えたことを生々しく意識せざるを得なかった。私はシベリア抑留から生き延びて帰ってきてくれた父から戦後団塊の世代の一人として産声を上げた。ひょっとしたら生まれることなく途絶えたその中の一人になっていたかもしれない。あるいは戦争や、抑留がなかったら私は私でなかったかもしれない。私の関係した人々もいなかったかも知れない。まさにカオス理論の世界と同じである。個人的にも、社会的にも生きていく中で私たちは多くの可能性を消してきている。我々はこのような消滅した可能性という無数の素粒子に取り囲まれて生きているのかもしれない。松林を歩くと故郷と生い立ちを思い浮かべそんなはるかな気持ちになる。

松を見て上記抑留者と同じような思いを司馬さんも経験している。「敗戦の前に朝鮮半島を南下して釜山まできたとき、いままでの大陸風の淡いみどりが、この半島の南岸町で急に濃くなったことに驚いた。気づいてみると、釜山の西郊に赤松の林があり、この色彩が、溜め息がでるほどに佳かった。――　松でおおわれた故郷がもう一衣帯水のむこうに横たわっている、という感動だった。」（司馬遼太郎：街道をゆく7）

私もこの本を読んでいたこともあり、韓国慶州の仏国寺を訪れたとき、境内の裏山に群生している勢いのある赤松の木々の美しさに心が動いた。各々の木々の枝ぶりがよく、幹の赤膚と葉の緑とがお互いを美しく引き立たせ、静寂な寺院をさらに清らかにしているようだった。それは子どもの時に見た松林に囲まれたふるさとの風景や、能舞台や大和絵に描かれた絵によって日本人としての心の中に埋め込まれた美のイメージそのものであった。戦時中という感性の研ぎ澄まされた極限状態での若き日の司馬さんの心の感動には比べようもないが、同じ波長の響きに共鳴する思いだった。日本人として松の美しさを感じられることに感謝したくなったが、果たして松を身近に見たこともないような現代の若者や外人も同じ思いがするのだろうか。ひとつの脳科学のテーマのような気がした。最近の脳科学はＩＴの発達と相まって進歩が著しいが、風景に対する美意識は子どもの時から育まれた後天的なものなのか、松林が絶対的な美しさを持っているものか知りたいものである。そのようなテーマも研究可能な時代になっているのではないだろうか。ぜひ教えてほしいものである。

自分の経験からすると子ども時代の記憶は歳を重ねると発酵して心の中にいい財産になるということである。子ども時代の思い出は老年になった時のプレゼントである。ドストエフスキーは「カラマーゾフの兄弟」の中で「人間にとって親の家で過ごした幼年時代の思い出ほど尊いものはない。」と書いている。洋の東西を問わず、時代を問わず、それは真理なのであろう。私の子ども時代を振り返って、みんな貧しく、今の時代の便利なものは何も無かったが、なぜかしら豊かだったなと思う。豊かさの定義はいろいろあるだろうが、本当の豊かさとは多様性があり、可能性にみちていることだと思う。今の豊かな時代のすべての子どもにはそれぞれいい子ども時代を持ってほしいし、親にもそのことを意識してほしいが、実際は子育て時代の親は日々の生活で精一杯である。この歳になってわかるが、小児科医の私でもそうであった。子ども時代の本当の貴重さについての思いが発酵するには、終着駅が視界に入り、自分の人生を振り返る歳月という時間がかかるもののようである。

（大阪小児科医会会報　２０１６年10月号掲載）

司馬遼太郎没後20年

今年は司馬遼太郎さんが亡くなってちょうど20年である。いまだその魅力と人気は失われていない。20年忌でいろいろな行事もあるせいか多くの司馬さんに関する新聞記事が目につくようになった。私は学生時代からの司馬さんの愛読者であるが、本を読んでいる中で医療者として目にとまったことがいくつかあったので20年忌を機会に司馬さんへの思いをエッセー風に綴ってみたい。

司馬さんはカニアレルギーがあったようである。子どもの頃から食べなかったそうであるが40歳のころ宿の婦人がむいてくれたので食べざるをえず食べた後、顔が腫れあがったことを書いている（街道をゆく41　北のまほろば）。それから坂が苦手であるのは子どもの頃からで（街道をゆく12　十津川街道）山登りは苦手であると書いてあるのを読んだことがある。グラビアでも片手にタバコを持つ写真を多く見かける。72歳の早すぎる死は大動脈瘤の破裂からであるということであるが、循環器専門病院のホームページの一般向け解説にも「大動脈瘤の他の原因には、壁が弱くなる変性疾患、外傷、炎症、感染、先天性の場合などがありますが、動脈硬化が原因のほとんどを占めています。ですから、高血圧、高脂血症、喫煙は〝こぶ〟ができる危険因子と言えます。特に、喫煙は〝こぶ〟の破裂にも関連しています。」とあるように医学を知るものとしては死因をタバコに求めるしかない。山登りは苦手であるということはおそらくタバコで心肺の機能が落ちて山登りのような運動量には対処できるほどの酸素の供給ができなかったということではないだろうか。司馬さんの義理の弟、上村洋行氏の講演によれば、司馬さんの観察眼は鋭く、風景から電柱も消え去った風景をも見ることができたということである。ものごとの本質を見る目を養っていたのであろう。だから「街道をゆく」の執筆活動の中で多くの日本の原風景を歴史と重層させて誰よりも深く見てきた司馬さんである。私の趣味は山歩きであるが、スノーシューで雪山を登っている時、あるいは奥深い山のブナ林の紅葉の中や木地師が歩いていた美しい雑木林の山道を歩いている時、おそらく山登りが苦手であったという司馬さんはこのような風景を目にしたことはなかっただろうなという思いがいつも頭をよぎる。いろんな風景を見てきた司馬さんも見ていない美しい風景の中を今歩いているのだと思えるだけでさらに感謝が増すのである。

『二十一世紀に生きる君たちへ』は司馬遼太郎さんが、日本の行く末を憂い、１９８７年に小学校５・６年生の国語教科書のために書いた作品である。

「……ただ、さびしく思うことがある。私が持っていなくて、君たちが持っている大きなものがある。未来というものである。私の人生は、すでに持ち時間が少ない。例えば、21世紀というものを見ることができないにちがいない。君たちは、ちがう。21世紀をたっぷり見ることができるばかりか、そのかがやかしいにない手でもある。……」

慈愛の目でやさしく語りかけているがその一節を読むと私には日本の将来を生きていく子どもたちへの遺言みたいな気がするのである。

司馬さんの死は１９９６年であるからこの文章を書いた１９８７年から9年後のことである。72歳の９年前、すなわち63歳ごろの時点で13年後の21世紀まで生きることはないであろうという思いはなんであろうか。調べてみると1987年当時の日本人男性の平均寿命は75・61歳であるから、あの戦中派の世代の人々が持っていた寿命へ一般的な感覚というものがそういうものだったのだろうか。あるいは疲れやすさとか心臓の調子等何らかの体調の悪さの自覚があり、21世紀は見ることはないだろうという覚悟のようなものがあったのかもしれない。医学的に見れば早すぎる死は悲しいことだがタバコ病の慢性閉塞性肺疾患（COPD）で酸素ボンベを余儀なくされる余生が待っていた可能性もある。

私が外来で診ているCOPDの70歳の男性にタバコをやめるように指導した時、後日その人がいうには「先生、タバコやめたら朝、便がでえへん」と言った。タバコの経験のない私はその言葉ではじめてトイレで吸ったタバコからのニコチンが脳でドパミンやセロトニンやその他の脳内アミンを出させ、支配下の脳神経を目覚めさせ、自律神経を活性化させ、便意を起こさせる一連の脳内現象を思い浮かべ、それは自分自身の朝目が覚めた時の感覚と同じようなものだとイメージできてその人にとってのタバコの意味を理解できるようになった。別の80歳の老女は「先生、タバコは悪いと分かっていますけど、やめてみたけど、吸わないとイライラしてかえって体調がよくありません」と言った。禁煙キャンペーンの時代、私はそのことを非常に大事なことだと思っている。ただものごとには絶対的な正義というものはないのだということを司馬さんの著作の中で自然に教えてもらった。20歳の若者にタバコをやめさせることはたぶん医学的にも絶対に正しいであろう。タバコを吸い続けてきた70歳の人に医学的理由で同じようにやめなさいというのが総合的に見て正しいかについての解答は同じではないかもしれない。健康は確かに人生の大きな一部ではあるがすべてではない。人生の質（Q

ＯＬ）は人さまざまで多様性がある。宗教上の信念から、いかなる場合にも輸血を受けることは拒否するという固い意思を有している人もいる。医学思想でも最近ではＥＢＭ一本やりからＥＢＭを踏まえたうえで、それぞれの人々の人生の質を考慮したpatient centered medicine（care）という概念が出てきている。たとえば糖尿病の治療目標も一律にＨｂＡ１ｃ６・５％一本やりではなくその人のＱＯＬに合わせて治療法や目標を設定するといったふうに変化してきているがそのような思想の反映であろうかと思われる。

肖像写真で見るタバコをくゆらしながら小説を書く姿は司馬遼太郎さんに実にしっくりした絵になるイメージとして焼き付いている。タバコをくゆらす中で登場人物が生き生きと動き出していたのかもしれないし、見る風景のイメージも鮮やかになったのかもしれない。司馬さんにとっては知らず知らずに執筆の道具あるいは原動力になっていたかもしれない。そうして我々に多くの名著を残してくれたのである。そうだとすれば命を縮める原因になったとしても司馬さんの場合、タバコも「まあいいか」である。禁煙外来での最終的な成功率は30％ぐらいと聞いているが、この稿はもちろん禁煙を目指す人の意志をくじくためのものではない。子どもに対して興味半分や無知からタバコに近づくことのないような教育の必要性や喫煙者のメディカルチェックの必要性は言うまでもないことである。

自然死のすすめの立場から、ある宗教学者は講演の中で今は簡単に逝けなくなった時代だと解説してくれた。医療者の側からも「大往生したけりゃ医療とかかわるな」という本も出ているくらいである。一休禅師の「拝借申すこの命　お返し申す今月今日」にあるようにいのちは拝借したものである。ご縁が尽きればお返しします、という心持が出来たら気もどんなにか楽であろうか。五木寛之さんは長寿が決してめでたいことではなくじつは恐ろしい世界であるといい、「人には去りときというものがあるのではないか。先輩作家や友人などすでに故人となった人は少なくないがその人が必ずしも不幸だったとは思えないのである。」（五木寛之　新老人の思想）と書いている。早くに亡くなった人々を思い、その時は悲しかったが、時がたつにつれ、それはそれでよかったのではないかと思うようになる。私も学生時代からのファンであった。読書の楽しみの時間をもらったばかりでなく、私の「心のかたち」を造ってくれたという思いが強い。だから、自分の父親の時には涙は出なかったが、司馬さんが急に亡くなった時には泣けてしょうがなかった。46歳にして少年のように泣いた。自分自身にとって生物学的父親より精神の父親の方の影響が大きいということだろうか。人は生きてきたようにしか死ねないのだという。この頃は司馬さんの急死をいい死に方だったのかなとも思うし、生きてきたように「司馬遼太郎のままで」死ねたのだとも思う。司馬さんが亡くなって20年、あれから悲惨な出来事ばかりであった。21世紀は２００1年9月11日に発生したアメリカ同時多発テロ事件に始まり、それはイラク戦争へと繋がる歴史の大きな転換点となった。その後の混乱は世界中で勃発するテロや戦争・難民の大移動・ヨーロッパ各地で引き起こされる新たな問題へとつながっている。日本でも今までなかったような気象異変と大災害、それから大震災・津波・原発事故等、心を痛める事件ばかりである。司馬さんの愛した隣国との関係も「利害をもとにした互恵関係よりもむしろ司馬さんの目指したお互いを尊敬する互敬関係」とは反対の低俗な軋轢等、心を痛めることばかりである。72歳の死はそのようなものを見ずに済んだということでもある。あるいは生きていてくれたら世間や国のリーダー達にいい知恵を教えてくれたかもしれない。ただしタバコは認知症のリスクを2倍以上増やすというデータも出ているから認知症に無縁であればということであるが――。長寿には長寿の悲しみがある。

上村洋行氏によれば生前の司馬さんが今後の日本の行くべき道はもはや高度成長社会ではなく美しき停滞だと言ったということである。そして美しき停滞とは成熟した社会という意味であると解説してくれた。成熟した社会について前述の21世紀に生きる君たちへの中にヒントが書かれているように思える。

「人間は、……くり返すようだが……自然によって生かされてきた。……つまり私ども人間とは自然の一部にすぎない。……おそらく、自然に対しいばりかえっていた時代は、21世紀に近づくにつれて、終わってゆくにちがいない。……この自然へのすなおな態度こそ、21世紀への希望であり、君たちへの期待でもある。そういうすなおさを君たちが持ち、その気分をひろめてほしいのである。」

自然こそ不変の価値なのである。「人間の心を安らかにするのは樹木しかない。」と書いているように司馬さんは樹木が好きだった。またその大切さを次のように書いている。「樹木が特殊鋼の大砲や合金製のジェット機よりも、はるかに人間の生存に大切なものだということは、世界じゅうのひとびとが気づきはじめている。人も陸生動物も、樹木に拠りかかって生きており、水に棲む魚でさえそうである。樹木の多い岬に魚群は寄り付き、樹木が伐られるとどこかへ行ってしまう。(25中国・びんのみち)」私が木を好きになったのは山歩きと司馬さんの本からである。そんな司馬さんに悲しいニュースばかりの中で、これだけは是非知ってもらいたかった樹木に関するニュースがある。司馬さんの死に間に合わなかったが、最近の科学の進歩によりセルロースナノファイバーが発見され、その応用がなされつつあるということである。NHKで放送されていたが、樹木から取り出させたセルロースナノファイバーで重さは鉄の1/5で強さは鉄の5倍の素材ができ、鉄に変わる製品が作られる未来があるということである。その他、消臭効果など多方面の応用が期待されるということであった。コストの問題が残っているが、司馬さんが心を痛めたであろう放置され荒れ果てた森林に光が当たる可能性が出てきた。資源のない日本が森林大国なゆえに資源大国になるということである。日本人がまた自然や樹木を見直し、樹木を愛し、樹木からも愛されるという新たな関係が作られる時代が来るかもしれない。それこそ循環型のより成熟した社会への扉のようでもある。

（大阪小児科医会会報　２０１６年1月号掲載）

カヤの木（司馬遼太郎は囲碁を打ったか）

既に新聞やテレビのトップニュースにもなったが今年（2016年）は人工知能（AI）が世界トップの囲碁棋士に完勝したという記憶に残る年になるであろう。ディープラーニング（深層学習）と呼ばれる人の脳の神経回路をまねして情報を処理する新たな手法であり、大量のデータを入力すると特徴をつかんで自ら学習を繰り返すというものだそうである。赤ちゃんが、身の回りの出来事から自然に学んでいく仕組み、さらには人間が囲碁でも経験重ね棋力をあげていくのと似ている。人間の場合、才能と努力が必要であるが対局を繰り返し1000局打てばだいたい初段程度になると言われている。このAIはプロ棋士の過去の対局の盤面3000万枚を読み込み、さらに同じAI同士で何万回も対戦を繰り返すことで学習し強くなったというのである。一手一手打つごとに終局まで想定し、勝つ確率を数値化し一番確率の高い手を打っているらしい。そして100万ドル（約一億円）の賞金のかかった碁で世界トップの囲碁棋士に4勝1敗で圧勝したのである。CPU1200個以上をつないで計算しているというがAIは疲れることはない。人間と同じ持ち時間での対局は不公平というものである。しかし確かに人類最後の砦とされた囲碁で負けたのである。かといってこれで囲碁の価値が下がったことにはならないと思う。勝ち負けの話題もさることながらこの二者に加え無限空間の戦いの場を提供した囲碁、この三者をたたえるべきであるということではないだろうか。ＡＩの打つ手から人間もまた学び、これを機会に囲碁のプロ棋士の戦略はまた進化するとも思える。かつて囲碁名人の藤沢秀行が囲碁の神が１００わかっているとしたら自分がわかっているのは5か6だと言ったようにまだ碁の宇宙は広大である。ＡＩでも神ではない。新たな思考回路を備えたＡＩも登場するかもしれない。そのようなＡＩ同士の戦いの進化の中で碁の神に近づいていくのであろうか。そう思うとはるか宇宙を見る思いがする。

さて話題をかえる。

今年は司馬遼太郎さんが亡くなってちょうど20年である。いまだその魅力と人気は失われていない。20年忌でいろいろな行事もあるせいか多くの司馬さんに関する新聞記事が目につくようになった。私は学生時代からの司馬さんの愛読者である。囲碁を知らない人にはとりとめのない話だが、私にとって司馬さんが碁を打ったかどうか、どれほどの棋力だったか、ということは何十年もの間、心の片隅にある「知りたい疑問」であった。文人には碁を好きな人が多く、文壇名人戦などよく囲碁の新聞・雑誌などでは知っていたが、それに司馬さんが登場したことはない。

司馬さんの本の中から碁をたしなんだかどうかの匂いをかぎ取るしかなかった。私が読んだ司馬遼太郎作品で囲碁の話が出てくるのは「竜馬がゆく」と「花神」である。そのシーンは「勝と竜馬それに住僧の三人は夜になれば碁をうった。」（竜馬がゆく）、と戊辰戦争の官軍総司令官、村田蔵六について「蔵六の碁はとびっきりへたで定石さえ知らなかった。あの弱さでいくさが勝てるのか」（花神）の記述である。古文書を読み込んだ司馬遼太郎がどこかで読み知ったエピソードを挿入したのではないだろうかと思われるが幾分あっさりとしている。

司馬さんを見出したのは海音寺潮五郎さんだった。直木賞受賞も「才気があり過ぎる。歴史の勉強が必要。」と言って反対した吉川英治を説得して強力に押してくれたそうである。司馬さんは海音寺潮五郎さんがいなかったら小説家になっていなかったかもしれないと言い、自分の人生の曲がり角にいつも薩摩人が立っていたと書いている。良し悪しは別として今、薩摩の精神風土の香りはほとんど皆無と言っていいほどに薄まってしまっているが、鹿児島出身の私はそれを読み、なんとなく誇らしく思っていた。その海音寺潮五郎さんがすでに「西郷と大久保」の小説の中で大久保利通が藩主島津久光に近づくために藩主の好きな碁を習ったという逸話を詳細に書いている。大久保は久光の側近となり、こうして盟友の西郷と共に多くのきらめく幕末の志士たちを活躍の舞台に登場させ、時代が討幕・明治維新へと展開してゆく。碁が日本史に隠れた、しかも大きな役割を演じたことは囲碁愛好者にとってうれしい実話なのである。司馬さんもこの二人を軸にした壮大な小説「翔ぶが如く」を書いているが、話は「西郷と大久保」の小説以後の時代を引き継ぐような形で書いているので大久保の囲碁のエピソードは書かれていない。敬愛する海音寺潮五郎の「西郷と大久保」の小説を明治維新までの二人の活躍の完成形と考え、わざわざ自分が改めて書く気持ちにはならなかったのだろう。

「街道をゆく28」の耽羅紀行の中で司馬さんの囲碁に関する匂いをかげる場面がある。済洲島のカヤの森を見ての司馬さんの文章は次のようなものである。「……灰色のなめし革のような樹皮をもった幹と、触れれば痛そうな濃緑色の針状の葉をつけたこの高貴な喬木が、空を突き刺すようにしてのびている。私どもは榧の木といえばなにやら貴いようにおもう。たとえば上等の碁盤や将棋盤の材は榧の大経木の柾目のいいところからつくる。発止と碁石やコマを打ったときの感触が、他の材とはまったくちがうらしいのである。こんにち、碁や将棋の人口がふえている。が、榧の大きな木は、それに追いついてふえているわけではない。むしろ伐られて減少しているのである。このため、碁盤や将棋盤は、数百万円するものもあるらしく、ひょっとすると、榧ときけば、そのことを連想するから貴いとおもうのだろうか。私の目は、ついいやしくなった。ずっしりとした碁盤がとれそうな木が無数にあって、これは一本何千万円するだろうかと思ってしまうのである。……

榧の実はクリほどあまくはない。ひとによっては、クルミ程度のうまさはある、というが、その点はどうであろう。味はともかく、実から良質の油がとれるのである。その油はかつては食用油や整髪油としてつかわれてきたという。……

縄文時代、まだイネが伝って来ないころ、日本列島に住んでいる人達にとって、クリと並ぶほどの大切な木の実だったらしい。他の木の実（たとえばドングリとかトチノミ）は、流水のなかでうんと晒してあくをぬいてからでないと食べられない。が、クリや榧の実はそのまま食べることができる。大いにおもんじられたにちがいなく、しかもクリの実より脂肪分がたっぷりあって栄養が高く、さらには榧の木はクリの木のようにたくさんはない。榧の木はなにやら貴げだという私のとりとめもない感覚は、ひょっとすると縄文時代からひきついでいる文化的な遺伝かもしれない。」また司馬さんは榧の木が日本と済州島に産し、済州島の植生が日本列島に似ていることに興味を示している。司馬さんの頭の中では国境のない時代の古代の人々の自由な交流に想像を巡らしていたのではないだろうか。

かつて国際アマ囲碁選手権戦で日本にやってきたヨーロッパの囲碁チャンピオンを赤目四十八滝に案内した

ことがある。渓流沿いにあったカヤの大木の木の名前を教えてあげたら、これがカヤの木か（oh, is it a kaya tree!!）と、とても感慨深げだった。碁好きなら外人でさえカヤに対する共通認識が成立するのである。

カヤの碁盤を持つということは車好きがレクサスやベンツを持つのと同じような意味合いがある。しかもある程度の棋力の持ち主しか思いが及ばないシロモノなのである。財力があったとしても初心者の分際ではまだそれを持ちたいという気分にならないし、他人にも自慢もできない。地方の名士が手持ちの立派なカヤの碁盤を挑戦手合いで使ってもらい名人・挑戦者に碁盤の裏に揮毫してもらったりすることがあるが、家宝どころかとんでもないお宝にもなるであろう。カヤの碁盤は碁を打つ者にはそれほどの意味を持つのである。私などカヤではなく桂の2寸盤で満足しているが——。私は文中の「碁石を打ったときの感触が他の材とはまったくちがうらしいのである」という伝聞めいた文面から司馬さんは碁を打たなかったのだなと思った。

司馬さんは多分碁を打たなかっただろうなという私の予想的な疑問に回答をもらう機会があった。上村洋行氏（司馬遼太郎の義理の弟で司馬遼太郎記念財団理事長）の「司馬遼太郎のこと」と題した講演会である。私は休みをとって出かけて行った。

自己紹介で自分のことを「親に早く死に別れ、司馬さんの妻みどりさんの弟ということもあって中学生時分から居候のような形で司馬さんの傍で生活していた」と説明していた。今年は没後20年にあたるそうである。司馬さんをよく知る人の「何が司馬遼太郎を司馬遼太郎たらしめたか」という講演内容にはぐっと引き込まれるようで、司馬さんにまた出会ったような気がしてうれしかった。講演会の後私はかねてから知りたいと思っていた質問をした。「司馬遼太郎さんが碁を打ったかどうか」という質問である。答えは予想通り将棋は少しできたが碁は打たなかったということだった。がっかりというより、やっぱりというか長年胸につかえていた疑問が解けてすっきりした。

ずっと昔読んだ、ある県代表クラスの碁の強豪が書いていたエッセーの文章が私の頭の中に忘れられることなく残っている。「酒を飲まなかったらもう少しお金も残ったであろう。碁をしなかったらもう少しましな仕事をしたであろう。でもそうであった方が良かったとは思わない。」碁が必ずしも仕事の足を引っ張るとは限らない。私の身近には日本の血液学のリーダーとして碁も仕事も両方を楽しんで楽々とこなしている正岡徹先生（骨髄バンク理事長）のような人もいる。上記エッセーは酒と碁に対するオマージュとしての文学的表現であるのかもしれない。が、その文章の気分はよく分かる。確かに碁はそれほど面白いものなのである。碁は打つ中でお互いの心を通わせ友人にさせる力を持っている。インターネットの時代にあって、碁の取り持つ友人は世界中に広まっている。楽しい時間と友人を与えてくれ、私の人生を豊かにしてくれたことに感謝している。司馬さんは「君たちは自分の人生を退屈させないように、さらには人を退屈させないように教育というものがあるんだよ」（風塵抄）と書いている。今までの日本の教育には人生を楽しむ術や思想を教えることが欠けていたように思える。囲碁には多くの教育効果があることはすでに証明されている。上記の正岡徹先生は世界中の子どもたちが碁を打ち友達になり、ひいては世界が平和になるようにと壮大な夢を持って毎年国際子ども囲碁大会を主催している。囲碁を小学校の正課に入れてもらうように活動をしている囲碁関係者もいるそうである。是非その願いが実現して若い世代に碁が広まってほしいものである。司馬さんにとっては古文書や多くの書物を読み、書くことが最大の楽しみだったようである。それはきっと碁よりも面白かったであろう。司馬さんが碁を打たなかったことを知って、司馬さんは碁を打たなくて良かったと思った。その分あの膨大な著作を我々に残してくれたからである。

さて人工知能は今後他の分野に応用されていくであろう。医療分野でも画像診断などＡＩの方が正確で医者の出番がなくなることもあるかもしれない。司馬さんが亡くなった時、火葬であの脳を燃やしてしまうのはもったいないなといった感想があったという。司馬遼太郎記念館は司馬さんの脳の中をイメージして安藤忠雄氏が設計したものであるが、脳の中の情報のように書棚に膨大な数の著書や収集した書物が並んでいる。「脳にはくせがある」とは脳科学者の養老猛司さんの言葉である。ＡＩを備えたロボットが受付嬢にかわり案内する時代である。ＡＩに司馬さんの膨大な著作をすべて入力して学習させたら与えられたテーマに司馬遼太郎ばりの文体の随筆やコメントが出てこないだろうか。ＡＩが人々の役をこなし、余暇の時間が増えて囲碁人口が増えるのか、あるいは仕事を失って人々がさまようのか――妄想は枯野を駆けめぐる。ＡＩの登場によって新たな時代が始まるだろうが、司馬遼太郎さんの人生の曲がり角に立っていた人がいたように、人類の歴史の曲がり角に立っている人がいるのだろうか。

（囲碁梁山泊　２０１６年掲載）

私の好きな散歩道（イチョウとムクロジ）

「倭は　国のまほろば　たたなづく　青垣　山隠れる　倭しうるはし」と謳われるように奈良は四方を山で囲まれている。早くから開けたのは盆地の中心の低湿地ではなく山からの水利の良い山麓であった。盆地の東側の石上と三輪山の山麓を縫うように結ぶ山の辺の道は日本最古の官道であり、ハイキングコースとして昔から有名である。私がよく歩くのは対面の金剛・葛城山麓を縫う葛城古道である。女子大の講義が終わった後、自分の時間があるときは近いので大阪側から一山超えて、車を一言主神社の駐車場に止め、九品寺までの古道を往復する。約３kmである。山の辺の道ほど有名ではないのでほとんど人と会うことはない。

一言主神社は雄略天皇の故事の記載があることから歴史は5世紀以前までさかのぼる。この地の豪族・葛城族の国つ神が祀られて来た由緒ある神社である。司馬遼太郎の「街道をゆく1」の葛城みちの中に……「『葛城の高丘』という台上にのぼるために石段があり、登りつめると、右手に椋の一老樹があり、左手に樹齢千五百年といわれる銀杏の巨樹が、天に枝を噴きあげるようにしてそびえている。」……と書かれている。椋の一老樹と書かれている木は幹周り3～4メートル程ある。いつも葉を落とした頃に見ることが多かったがある夏の日訪れたときに羽状複葉の葉を茂らせていた。あれっと思いその葉をさわってみると私の知っているムクノキの持つざらざらした硬質の葉ではなかった。神職さんに「これは何の木ですか。」と尋ねると「ムクロジです。」「それじゃこの神社にムクノキはありますか。」「ありません。」「街道をゆくの中では司馬さんはムクノキと書いてあるのですがー。」「ムクロジをムクと聞き間違えたのか、教える人が間違ったんでしょうな。」私と同じような質問をする人がいるのか、いつのころからか大木の前には「無患子　樹齢６５０年」という説明板が立てられるようになった。

一方、樹齢千五百年といわれる銀杏の巨樹はとくに黄葉の時は見事である。よく奈良の秋の紅葉スポットで放映される。最近できたのか説明板には「この御神木は樹齢千二百年……」と書かれている。年輪を数えられるわけではなく、生きている木の樹齢を推定することは実際難しいものであるらしい。イチョウは昔から日本にあった木ではなく、万葉集・古今集にはその名がなく、中国原産のイチョウが日本にもたらされたのは日本の古文書にある記載からして鎌倉時代と考えられているそうである。確かにイチョウの黄葉は美しく、在ったとしたら古の歌人が謳わなかったはずはないだろう。御神木の樹齢の根拠は一般の人目には触れない社伝に拠ったものかもしれないが、ひょっとすると伝承の樹齢千五百年は5世紀の雄略天皇の故事に引っ張られた数字かもしれない。一方、江戸期伝来とされていたサルスベリの花粉が池底の平安時代の地層から発見され、学説が覆ったこともあり、今後、花粉考古学等の科学の発展によってはイチョウに関しても同じようなことがあるかもしれない。それはそれとしても司馬遼太郎さんが見上げ幹を触ったという思いがあって、この二つの木は「司馬遼太郎さんの木」として常に私の心の中にあり、四季折々どうなっているだろうかと気にもなり、何度でも訪れて見るのが好きな木なのである。心の中に家庭でも波風の立たない恋人のような存在を持てることは幸せなことに違いない。私にとって司馬さんからのありがたい贈り物である。ただしそれは私ひとりだけではなく誰にでも開かれている。

一言主神社から九品寺までの古道は棚田の農村風景の中を行く。日本の原風景を見るような安堵感がある。奈良盆地の中に大和三山が見える。その向こうに三輪山、多武峰や音羽三山の山並みが重なっている。その山々は一度歩いたことがあるので、山々の関係がはっきりとしたオリエンテーションとして掴める。これらの山々に囲まれた奈良盆地の中にある畝傍・耳成・香久山の大和三山のぽこっとした土饅頭みたいな山はどこにもありそうに思えるが、あんなに美しく思えるのはなぜだろう。それはその風景の中に万葉以来のいや、もっと邪馬台国以前からの歴史や文学が埋もれているからである。ここでよく知っている歴史上のひとびとが確かに息づいていたのである。いつも見慣れた風景に何度でも感動できればそんな幸せな人生はないだろう。文学は風景をさらに美しくしてくれるものである。阪大の教養の時、万葉学者の犬養孝先生の熱い思いのこもった万葉集の授業を聴いたおかげでもある。司馬さんは自分の人生を退屈させないた

一言主神社のイチョウの木（奈良）

めに教育はあるんだと子どもに諭すように教えてくれている。その言葉が実感できるのである。

晩秋から冬にかけては道端の農家の門の軒先に料金入れの小さな缶と一緒に大和特産の山芋が籠に置いてある。大和いもともいう。奈良の伝統野菜である。自然薯のように棒状ではない。大和いもは、表皮が黒皮で、形が整って凹凸が少なく、肉質が緻密で粘りが強いのが特徴である。一個三百円くらいで、いつも二～三個買って帰り、とろろに摺ってもらい酒のあてにするのが楽しみになっている。ちょうど土の中から取り出す大きさや色・形がNHKの番組、ヨーロッパの街角という旅行番組で見た高級きのこのトリュフに似ている。いかに高級品であるかの例えに、番組では最高の値段が三千二百万円で中国の富豪に落札されたと話題にしたシロモノである。幸せの本質は大それたものではなく、身近なものに感動できる小さな幸せの積みかさねの中にあると分かるような年齢になった。トリュフなど食したこともなく、そして負け惜しみを言う必要もないが、とろろに摺った大和いもの方が富豪の味わう三千二百万円のそれよりも芳醇であろう（たぶん）。

農家の軒先の無人販売はいかにも日本的であり、外人を案内するにしても平和で他人を信用する社会の誇らしい風景の象徴でもある。ある中国人を案内した時には「お金と品物ごと無くなってしまうよ」と言われた。

葛城族の末裔だろうか、白壁を持つ立派なつくりの農家の家々や道端の野の花を見ながら歩いていくとほどなく九品寺に着く。浄土宗のお寺であるが時々本堂から木魚の音が響いているくらい、いつも静かである。南北朝時代に南朝方の楠正成に味方して参戦した兵士たちが自分の身代わりに奉納したと言われている千体以上の石仏が参道の道端に風化しながら並んでいる。それほど多くの兵士を動員できるような土地柄ではないのでおそらく多くは父母や子どもの供養を祈って奉納されたものもあるに違いない。秋はその上を覆う紅葉が美しい。名のある人もなき人も今や無常という時空の優しさに包まれて鎮まっている。こんなところで片隅でもいいから子どもの頭ほどの丸い石ころを墓標にして眠ることが出来たらいいだろうなと思いが自然に湧いてくる。浄土宗の元祖ともいえる源信がこの近くの当麻の生まれであるのを知ったのは最近のことである。源信の「往生要集」から法然・親鸞・一遍の浄土宗の譜系が続いてゆく。浄土宗の寺があるのはその関係かもしれない。ある日のこと、九品寺の門前に住職による月替わりの偈が掲げられてあった。「つまずいて転んで、腹をたてる人、悟る人」。この偈はこのエッセーの結論とは関係はない。ただこのようなものも風景の中の舞台装置のごとく、旅人を立ち止まらせ、ひと時の時間にも深みを与え、さりげなく葛城古道の風景の中に、品よく調和し溶け込んでいるように思える。風景とは自然のみならず人文との合作に違いない。たおやかな風光とゆったりとした歴史の時間を含みながらこの道は古代から延々と続いている。ミヒャエル・エンデは時間泥棒「モモ」の中で「光を見るためには目があり、音を聞くためには耳があるのとおなじに、人間には時間を感じとるために心というものがある。そして、もしその心が時間を感じとらないようなときには、その時間はないもおなじだ。」と書いている。この道はリラックスして自由でとらわれのない心で、たゆたう時間を受け止めながらゆっくり歩くのがいい。何回も訪れているが、私にとって心やすらぐ小さな「哲学の道」なのである。

（大阪小児科医会会報　２０１７年４月号掲載）

桂と金木犀

世界一美しい湖畔の町と知られる
ハルシュタット（オーストリア）

樹木を好きになると旅にもまた楽しみが増える。昨年の夏、オーストリアとドイツを旅した。世界一美しい湖畔の町と知られるハルシュタットの湖畔を散策したが、そこの森はブナとモミの混合林だった。ドイツの古都ウルムの植物園では桂の木を見た。桂はハート型の葉からすぐ見分けがつく。大木にもなり株立ちした樹形からも見分けが付きやすい。古事記・日本書紀にも記載されている日本の固有種である。植物園や山では秋の黄葉のころほのかにいい匂いがして桂の木に気づくというのが普通である。私が訪れた8月のドイツでは葉はまだ緑色だったが木の前に立つといい匂いがした。桂の中でも匂いの強い種類があるのか環境の違いで匂いが強くなるのか私にはわからない。木の説明版にドイツ語でKuchen Baumという名がつけられていた。バウム・クーヘンという木の年輪を模したお菓子はよく知られているが、Kuchen Baumというその名の通りお菓子の甘いいい匂いがした。○○ japonicumというラテン語名も併記されていて日本の名を冠していることに、日本人として誇らしい気がした。○○ japonicumという桂の名称は博物学者であったシーボルトがつけたものらしい。

私が医者になりたての頃、指導を受けた敬愛する小児科の藤波彰先生が娘さんに桂と言う名前をつけていた。かっこいい感じだった。名前の由来を聞いたこともなく、娘さんに一度もお会いしたことはなかったが、名前を聞いただけで聡明な品のある美しい女性を想像できた。私は自分の娘にはあずみとつけた。学生時代、北アルプスを歩いていたころ安曇野の美しさに触れ、結婚もしないころから女の子の名前はあずみと決めていた。藤波先生は京都の医大の出身で、京都で学生時代を過ごしたから、桂川の源流をなす京都の北山をよく歩いたのではないかと思われる。私の経験から山歩きが好きなF先生も桂川にちなみ娘さんに名前を付けたのではないかと勝手に想像していた。あるいは名前の由来は思い出の桂離宮に関係しているのか、ほのかないい香りの桂の木にちなんだものだったのだろうか。インターネットで知ったことだが、桂という親の熱い思いのこもった名前をもらった人の話によると、子どもの頃その名がｗｉｇ（かつら）のイメージで嫌で嫌で仕方がなかったと書いていた。子どもの名前は親の初めてのプレゼントであり、親が作る一番短い詩だという。名前の持つ力や親の思いも教えてあげる必要があるだろう。

昔、日本に留学していた中国人の先生が日本で生まれた女の子に桜子という名前を付けていた。保育園で会ったフランス人のハーフの子どもさんはさくらだった。外人も日本に入れば日本の美しい自然に同化されるのではないだろうか。美しい日本の自然が日本人の心情を作ってきたのは確かである。司馬遼太郎さんは「日本文化は草や木の名を実によく知っていて名まで風情のうちとして楽しんできた。韓国中国の文化も草や木の名については大ざっぱなのである。」（風塵抄Ⅱ）と書いている。木の名や草花の名前を知ることはそれらを利用してきた日本人にとって生きる上で必須のことであり常識でもあったに違いない。そして言葉の中に魂が宿るとして言葉を大事にしてきたのである。長く使われた木や土地の名称は歴史的時間の研磨を受けていて安心感があるというか、違和感がない。小児科医は必然的に子どもの名前に接する機会が多いものであるが、最近、子どもの珍しい凝った名前に接することが多くなった。一般にはきらきらネームというのだそうであるが、土地や木の名前と違い、きらきらネームは時間の研磨を受けていないだけに少し違和感を感じるが、それは私だけではないかもしれない。小説家は言葉を大事にするし、それを使いこなす魔術師でもある。日本は言魂の力によって幸せがもたらされる国「言霊の幸ふ国」とされ、土地の地霊を感じていた。人は知らず知らず山河にまもられているのだという。言霊について司馬遼太郎さんは次のような美しい文章で教えてくれている。「地名には言霊が宿っているだけでなく、私どもの先祖の暮らしや歴史が刻印づけられていると思っている。」（街道をゆく29　飛騨紀行）

「関取は由来生国の山河を背負っている。あるいはそれら山河の精霊にまもられているのである。べつの表現でいえばその山河が他の山河とめいめいの関取の体を借りて闘うのである。」（街道をゆく41　北のまほろば）

「日本の軍艦には大正以後になると戦艦には国の名（大和、武蔵）重巡洋艦は山の名が多かった。国には国魂があり、山も山霊が守護してくれると思ってきたに違いない。」（司馬遼太郎を読むと常識がひっくり返る

石原靖久）

インターネット・ＬＩＮＥ・ＳＮＳ等、言葉の軽い時代には言霊など存在しないのかもしれない。新たな文化の中で育ってきたきらきらネームをつける新たな世代と感覚が違うのかもしれないし、ひょっとするとそういう新しい感覚に我々の世代は取り残されていっているのかもしれない。あるいは馴染んでいないだけのことで、子どもたちが大きくなって活躍する名前を目にしたり耳にする機会が増えたら普通に馴染んでいくのかもしれない。小児科医としてはきらきらネームを揶揄するばかりではなく、それらの子どもが大きく成長し、名前がその人にも社会にもしっくり馴染んでいく未来を願う心こそ大事であると思う。

さて桂の木のことである。記紀の時代からカツラは神が降りてくるときの神聖な木だったようである。しかし中国では桂はキンモクセイのことで桂林はキンモクセイで有名なところである。（日本の樹木　辻井達一）キンモクセイが日本に入ってきたのは江戸時代のことらしい。だからキンモクセイは古今・新古今などには謳われていないということである。

司馬遼太郎さんの本にはカツラについていくつかの記載がある。

「桂の木というのは同名のもので中国古代漢詩に月の桂という空想上の樹木として出てくる。しかし現実の植物である桂の木は日本の山野にのみある植物で中国や朝鮮にはない。」

「カツラの木は古代以来山で砂鉄を吹くひとびとにとって聖木なのである。山中でタタラをおこすときそばに鉄の神の金屋子神を祭るのが常だった。その金屋子神というのは天から天降りするときにカツラの木を伝って降りてくる。このためタタラのそばにカツラの木が植えられた。」（街道をゆく7）

古事記では加都良（かつら）と書かれていたのがいつから、どうして桂の字になったのかという点で古書の文献学者の研究がなされているようである。素人の私が思うことは香りの高い桂の木があるというのを中国の漢詩や留学僧の情報で知っていて、それにあこがれていた日本人がそれを日本にある香木のカツラに代用したのであろうという単純なものである。神聖な木ということもそれにふさわしく思ったであろう。植物の国際分類などない時代のことである。誰に迷惑をかけることもない。あこがれの木を日本の植物に代用することは他の例でもある。釈迦が悟りを開いたところの聖なる木が菩提樹であるが、日本の仏教寺院ではこの木の代用に葉の形が似ているシナノキを植えている。ちなみにシューベルトの歌謡曲の「菩提樹」はリンデン・バウムで別名西洋シナノキである。ドイツでこの木を見たときに、これがあの歌の菩提樹かと感動した思い出がある。お寺で菩提樹をみた人々の感動も同じであったであろう。また入滅の時に咲いていた沙羅双樹の代わりに白い花を咲かせるナツツバキをシャラの木として植えている。「沙羅双樹の花の色、盛者必衰の理をあらわす」と琵琶法師が謳うにつけても実際の花があった方がイメージを浮かべやすいではないか。自然と生活・思想・イメージを一体化させたい日本人の性癖みたいなものだったのではないかと思う。それはフェイクというものではなく、仏陀への思慕・敬いという感情から来たものに違いない。代用を日本文化論にまで広げている司馬遼太郎さんの文を以下に引用する。『「これはナツツバキですね」植物の好きな須田画伯が、鉛筆のシンでよごれた手で、沙羅双樹の幹をなでた。沙羅双樹はインドではごくありふれた森林植物だが、釈迦がクシナガラで入滅したとき、その寝床の四隅にこの木が枝葉をしげらせていたために、仏教ではこの木を尊ぶ。ただし日本では沙羅双樹の木がないために、古来、寺々ではナツツバキを代用として植え、それをもって沙羅双樹とよんできた。原思想と日本文化の関係も、多分にそれに似たようなものがあるかもしれないとも思われた。』（街道をゆく9　高野山みち）

唐詩によってイメージされた辺境の西域を平安の大宮人は西域の代わりに勿来の関の向こう側のみちのくを辺境の地として憧れたというのが司馬遼太郎さんの説である。西行や芭蕉のみちのくへの憧れを分かりやすく説明してくれている。演繹すれば神仏習合の本地垂迹説も同じような憧れの代替の性癖から考えられるかもしれない。

10月はキンモクセイの香りが漂ってくる季節である。モクセイ科で学名をOsmanthus fragransというから香りから付けられた名前である。高校時代、私は男子ばかりのクラスだったがひとりの女子クラスの子が教室の廊下の壁の花瓶に家の庭に咲いたキンモクセイの小枝を活けてくれて、いい香りが広がった。そのことがきっかけだったかは覚えがないが、その女子高生とはガールフレンドとして付き合った。初恋の常であるが、故郷を離れて大学に通い、疎遠になった。もう50年以上会ったことはない。キンモクセイの香りをかぐといつも青春の思い出としてその女子高生を思い浮かべる。嗅覚は動物にとって最も原始的な感覚である。匂いは情動や記憶と結びつき（記憶に匂いのタグをつけているようなものである）すぐに思い出させる。芭蕉の句に「さまざまのことを思い出す桜かな」がある。思い出を持つということはありがたいことである。人は思い出がなければ年老いてどのようにして孤独に耐えていけるだろう。樹木は思い出の種を宿している。私が年をとってから樹木が好きになったのはそういう理由があったのだなとこのエッセーを書きながら理解するようになった。私たちは思い出を作るために生きてきたのかもしれない。（大阪小児科医会会報　２０１7年7月号掲載）

ブナ随想

南国鹿児島で育ったせいかブナの木を見たことはなかった。ブナは冬の寒さに打ち勝って育つことができる。クスノキが南方系の樹木の代表ならブナは北方系の代表かも知れない。ブナは寒い地方では低地に、暖かい地方では高地に生える。だから大阪では金剛山等の山に行かない限り、平地ではたとえ植物園に行ってもブナを見ることはない。山に縁がなかったら名前は知っていても実物を目にすることはない木である。神の目から見たら本来樹木の価値に差があるわけではないがエコロジーの時代になって緑のダムと言われるブナは自然にとって善人のような印象がある。私は山歩きをするようになってブナの林を歩くのがとても好きになった。新緑のころ、黄金色に色づく黄葉のころ、雪に埋もれた裸木のころ等、どの時期でも楽しめる。深い根雪に耐え、腰を曲げながらもたくましく生きてきた樹木に「本物」のもつ美しさやいとおしさを感じるようになった。ブナの巨木は峰道に多く生えていて、まさに山の王者の風格がある。積雪に埋もれ、重みに耐え、厳冬を何十年と経ているのである。その積み重ねが王者の風格を自然に与えてくれるのかもしれない。ブナ林で有名な世界遺産の白神山地にはまだ行ったことはないが、美しいブナ林は青森県の八甲田山麓、菅沼の散策路で堪能した。鳥海山や月山の山肌がブナで覆われているのを見たとき頼もしい感じがした。東北人のもつ重厚さはひょっとするとこういう森を背景にしているのかもしれないと思った。関西の山では滋賀県の高島トレイルを歩きながら紅葉の秋・積雪の冬を何度も楽しませてもらった。琵琶湖の北、滋賀と岐阜の県境の横山岳には見事なブナの純林がある。この辺りは冬雪が深い。雪が解けるのを待ちかねたように短い春をカタクリやイワウチワなどの山野草が一斉に咲き、登山者を迎えてくれるので花の山として隠れた人気のある山である。地元の山岳会の人の話によれば、戦後植林のために山を切り払ったそうであるが、植林が中止になって放置していたら生えてきたのがブナだったということである。その土地にもっとも適応していたのが本来の樹木・ブナだったということである。樹齢50～60年ぐらいの若いブナが密集した中で光を求めて競争するように枝を横に広げるのではなく上へ上へと背を伸ばしている。その姿は我々団塊世代のありようを映しているかのようでもある。ブナは60～70年で実をつけるようになるそうであるから、横山岳のブナの純林は団塊世代からみれば高校生時分に相当するだろうか。ブナは１００年で成木となり、約４００年ぐらい生きるそうである。今からは上に伸びることなく幹を太らせていくことであろう。しかし現在の人間は大木になるその先を見ることはできないのである。大木に畏敬の念を抱くのは自分の短い有限の命との対比からくる感情に違いない。ブナの大木はこの近く

ブナの林をゆく（滋賀　駒ヶ岳）

では金剛山の山頂付近にも王者のように生えており、金剛山にはブナに会いに行くという感じで登っている。何度行っても飽きることはない。ただ横山岳と違い次の世代の若いブナが育っていないのが残念であり、心配でもある。金剛山のブナも少子高齢化というより、後継者がなく、世代交代がうまくいかないといった状況である。温暖化の中で他の木に先を越され、ブナの幼木が生き残るのが難しくなってしまっているのかもしれない。確かに冬、金剛山の雪も以前より少なくなったような気がする。王者も悲哀を秘めてそびえたっているのかもしれない。

　ブナへの愛着を導いてくれたのは司馬遼太郎さんだった。

「ブナ林は初夏光が湧くように美しい。冬ごとに葉が落ち林間があかるくなる。根方に厚い腐葉土がつくられてゆく。―想像するだに楽しいことは五千年前、東北地方一円がブナやミズナラの一大森林だったことである。縄文文化はその大森林のなかではぐくまれた。なんといってもブナの森林はその根方に大量の水をたくわえるのである。その水が細流になり川になりサケの遡上をうながす。ブナは風倒木までが役に立つ。腐食した木にキノコが生え、倒れた木があけた大きな穴にクマが冬眠する。ヒトをふくめた生物のための神の工場のようなものである。」（街道をゆく41　北のまほろば）

ブナとミズナラの林（岩手山山麓）

ブナが好きということは、私にも縄文人の記憶が遺伝子の中に組み込まれているのかもしれない。山のガイドに連れられて滋賀の高島トレイルを歩いていたときに教えてもらったことがある。「ブナの若葉には細かい産毛がいっぱいついており、それが光を反射してひかるような緑を呈する。だから同じ新緑でもブナの新緑はそれと遠くから分かる。明るいうす緑である。」この説明を聞いて司馬さんの「ブナ林は初夏光が湧くように美しい」という表現の凄さが分かるのである。司馬さんがブナの産毛のことを知っていたかは分からないが、光が反射するのを光が湧くという感覚はどうであろう。司馬さんの文章には多くの比喩がちりばめられてイメージを湧きやすくさせる力がある。実際山の稜線から向こうの山肌をみると明るい緑色の塊で確かに遠目でもその色合いでブナがそれと分かる。ガイドにきいて改めて司馬さんの観察眼の鋭さというか本質を見る目を理解したという具合である。解説のない状態では、司馬さんの他の多くの著作も私は表面的にしか読んでいないのかもしれない。司馬さんの本質を見る目はブナに限らず人間や社会・歴史など人文の全般に渡っていたと思われる。ある人物を見ても「歴史の中の誰々のような人で―」といったように執筆の過程で多くの歴史上の人物類型を頭に入れており、本質を見抜くように人を観察することができたそうである。そんな人の前にいたら中を見抜かれて怖かったかもしれない。そのような能力の源泉はなんであろうか。司馬さんを身近に観察していた人の話が載っている。『古文書類を手に取ると司馬さんはつぎつぎと瞬時に、ページをめくっていく。「斜め読みされているのかな」と思っていると初見のはずの資料を事細かく読み終わっていて史家との話が実にスムーズに運ぶ。思うにあのスピードは古文書一ページごとに写真を撮るように、カシャ、カシャと脳裏に刻み込まれているんじゃないか。とにかく凄い人の一語につきる』（森史朗「司馬遼太郎に日本人を学ぶ」）

この文章からするとカメラアイという特殊能力を持っていたのかもしれない。芸術家に備わった能力である。そのような人物として葛飾北斎があげられる。多分若冲もそうであるかと想像する。司馬遼太郎さんは画家にもなれたかもしれない。実際司馬さんの挿絵も文章同様私は大好きである。「光が湧くように」という表現も司馬さんにとってはそのような能力からくる自然な表現なのかもしれない。

山のガイドは避難路も含め奥深い山の登山ルートを熟知しているばかりでなく山全般の知識を持っている。案内する人の命を預かっているのである。「ブナは緑のダムというがどこに水をためるのか?」「ブナの葉はリグニンを含むため落ち葉が腐らず、例年積み重なった落ち葉と落ち葉のあいだに水分をためる保水力がある。」「ブナの樹齢は円周と同じぐらいだ。だから直径1メートルの木は樹齢300年ぐらいだ。」ガイドは山歩きをしながらそのようなことを教えてくれる。ガイドでもさらによきガイドは「これはささゆり」と説明するより、「葉っぱが笹に似ているからささゆりという。」とか「この木は黒い枝に白い点々があって文字のように見えるからクロモジ」と説明してくれる。相手に応じて分かりやすく興味を持たせるように説明してくれる。

私がセミリタイアして勤めた病院の病院長である敬愛する先輩（大西俊輝先生）の教えは「名医より良医」というものであった。医療の現場でも患者の命を預かる医者はよきガイドであるべきである。医学は科学であると同時に人間学である。山のよきガイドのように医者として十分な医学知識のみならず人生についての洞察・人間理解のベースを持ち、患者さんに相手に応じてよく分かるように説明して、理解・納得してもらうようにすることが重要である。それが先輩の言う良医に違いない。司馬遼太郎さんは医学について次のように述べている。「医学というものは非常に厳かな学問です。そして人間にとって本来親切という電流を発する学問なのです。」（司馬遼太郎全講演２）この親切も当然のことながら良医の条件に違いない。先輩は医業の傍ら、既に多くの著作をなしているが、執筆中のテーマについて熱中していると古書店で欲しい本が本の方から目に飛び込んでくるという話を聞いたことがある。私が講演を聞いたある教授の「一生懸命やっていれば患者に出会う。」という言葉が印象深く残っている。重症の心臓病患者の最後に温泉に入りたいという願いをかなえてあげようとする経過で病気の本質を教えられ、新たな治療を開発していったそうである。このように一生懸命やれば自分の研究にインスピレーションを与えてくれる患者に出会うのだという。先輩の目に飛び込んでくる本の話と同じようなことであろうか。人生においては人との出会いが最も重要であるが、多くの場合、出会うことなく通り過ぎているか、会ってもその意味を見出すことができないというのが凡人の悲しさである。私の尊敬する別の先輩（今宿晋作先生）から退官記念にまとめた自分史のエッセー集をもらったが、その本の題名が「chance favours the prepared mind」だった。これはパスツールの言った言葉だそうであるが、多くの業績を残した先輩の座右の銘であり、後進に贈る言葉だったのだろう。ある宗教者によれば、出会いはひとえに神の恩寵によるという。その恩寵もただボーっとしている者ではなく、準備した者にのみ訪れるという

敬愛する先輩と［（筆者（左）・今宿晋作先生（右）］

ことは世界共通の真理であろう。

世間的には週刊誌にはよく名医のリストが出ているようであるが名医の定義は知らない。多くの経験と洞察力から本質的なものを見出した医者かもしれない。確かな名医は患者のためという一生懸命な熱い思いから出発しているのであろう。そのような場に神の恩寵という力学が働くのかもしれない。もちろん特殊な能力と努力が重なってのことであろうが。

しいて言えばものごとの本質をさっと見抜く司馬さんも名医という範疇になるだろう。医者ではなかったが司馬遼太郎さんは確かに人の世にあって、社会の名医だった。俯瞰の眼を持ち、世間の出来事に対して適格なアドバイスを本やテレビで教えてくれていた。日本人に日本や日本人の良さを教えてくれ、自信や勇気を与えてくれた。戦後多くの日本人を神経衰弱から救ってくれたのではないだろうか。司馬さんが亡くなってから、そのような謦咳に接することが無くなったと思うのは私だけではないだろう。ネット社会のさらなる情報化の時代にあって、価値観が多様化し、日本のみならず世界中が分断・混迷の中にいる。今、司馬遼太郎さんが生きていてくれたらどんな処方箋をだしてくれただろうか。司馬遼太郎さんのような能力を持たない多くの医者は名医にはなれないかもしれないが、我々凡人にはよきガイドになることを意識して、努力したら先輩の言う良医に近づける余地はあるのではないだろうか。珍しい疾患は別として、地域医療の現場にあっては、探し求めていく数少ない名医より身近に多くの良医がいることの方が患者にはありがたいからである。

（大阪小児科医会会報　２０１７年10月号掲載）

林住期

古代インドでは、人生を四つの時期に分けて考えたという。「学生期（がくしょうき）」、「家住期（かじゅうき）」、そして、「林住期（りんじゅうき）」と「遊行期（ゆぎょうき）」。「春は勉学に励む学生期、夏は懸命に働き家庭を築く家住期、秋は一線を退きゆとりを楽しむ林住期、そして冬は安らかな死に備える遊行期……。

私の年齢は林住期に当たるが、55歳にセミリタイアして山歩きをするようになったからか、あるいは私のこの年齢がそうさせるのか、林住期という考え方やソローの「森の生活」のような本にあこがれる。これはソローがマサチューセッツ州の人里離れたウォールデン湖のほとりに小屋を建て、一人で暮らし、思索した時のことを記した本である。一部の裕福な日本人には林の中に別荘を建てて、避暑や週末の気分転換の生活を楽しむぐらいはできるかもしれない。私にはそのような土地を手に入れたり、別荘を持つことなど想定外のことで、とうてい出来るものではない。鹿児島から出てきた私が32歳ごろローンで初めて30坪ほどの建売の家を購入した時、地球の一角に旗を立てたような気分になった。その冬に小さな庭に咲いた山茶花の花に喜びを感じたことを覚えている。司馬遼太郎さんは「私どもはさまざまな点で奇民族だが、景観美についても、矮小な精神をもっている。すぐれた景観のなかに村があっても、家々に塀があって、塀の囲いの中にちまちまとした庭をつくり、その小庭のほうをながめてよろこぶ通癖をもっている。『そとはすばらしい自然じゃないか』と、私の知人のイギリス人が私に理由の説明をもとめたことがあるが、私には説明ができなかった。ひょっとすると、自然や都市美を共有する精神がないのではないか。水田農民が自分のあぜのかこいの中の作物を大事にするようなものであろう。」と書いている。（街道をゆく14　南伊予西土佐の道）

山中の丸太のベンチ（二上山）

所有の喜びは人間の本質的なものであると思われ、私もそのことを否定するわけでもない。しかし持てない者にはそれなりの楽しむ術も与えられている。司馬遼太郎さんの文章に教えられ、また山歩きをするようになって山茶花の花咲くトンネルを歩き風景を独り占めしながら、所有しない気楽さの喜びがあることを知った。ソローのような生活はできないが、その代わり、私には30分も車で行けば気分としては森の生活を味わえる自分の場所がある。二上山の中にあまり人の通らない雑木林の山道を１００メートルほど登っていくと、途中の小高い所にコナラやつつじに囲まれた四畳半ほどの開けた場所に丸太のベンチが置いてある。ソローの本には「私の家には三つの椅子があった。一つは孤独のため、もう一つは友情のため、三つ目は交際のためである。」という文章がある。ソローにちなみ、人とはほとんど出会うことはないのでそれを自分の為のイスと思って座る。ひとりの時間を楽しむために月に3～4回ぐらいは訪れる。今ではイスが自分の友人のような気分になっている。そこの場所から南には谷越し遠くに葛城・金剛が大阪平野へ裾を引いている山並みを真横から見ることができる。西には梢の合間に大阪の街が見える。春にはウグイスの声が聞こえ、夏には木々を渡る風に吹かれ、いかないが、カナカナと鳴く声は夏の終わりを告げるようで、なんとなく心に響いてくる。枕草子には「虫は　鈴虫。ひぐらし。云々」と書いてあるように日本人にはなじみのある鳴き声である。インターネットでもヒグラシの聞こえる宿や場所を尋ねる旅人の質問もあるくらいだから日本人にとって、独特の鳴き声には心に響く何かがあるのだろう。私は方丈記の中で「夏は、ほととぎすを聞く。語らふごとに死出の山路を契る。秋は、ひぐらしの声耳に満てり。うつせみの世を悲しむほど聞こゆ。」とあるのを見て、六十路の鴨長明も人里離れた山に住み、ヒグラシを私のように静かに聴いていたのだと思い、それだけで自分のイスに座ってヒグラシを聴けることをうれしく思った。ある初冬の日に私の頭の上を北風に飛ばされたコナラの枯葉が一斉に谷へ散っていくのを見た。それぞれの枯葉が谷のどこへ落ちていくのか行方は知らない。その光景は唐詩の世界を思い浮かばせてくれた。

洛陽城東桃李花
飛來飛去落誰家
（洛陽の町の東では桃李の花が舞い散り、飛び来たり飛び去って、誰の家に落ちるのだろう。）
・中略・
年年歳歳花相似

歳歳年年人不同
(毎年、花は変わらぬ姿で咲くが、年ごとに、それを見ている人間は、移り変わる。)
世の中はすべて「常ならず」である。これが真理である。方丈記は冒頭の「行く川の流れは絶えずして、しかも　もとの水にあらず。淀みに浮ぶ　うたかたは、かつ消えかつ結びて、久しく止まる事なし。世の中にある人と住家と、またかくの如し。」が有名である。堀田善衛氏は方丈記私説で、前置きはひとえに人と住家にかかる文章であるという。鴨長明もこの唐詩を好んで読んでいて、彼なりの日本語訳を試みたのが方丈記だったのだろうと思った。両者に共通するテーマは無常である。しかしそこには無常に対する嘆きというよりは、俯瞰の眼に色彩が映っている。私がヒグラシや枯葉に感動するのは無常という真理に触れ、古人の思いと真理の世界を共有しているという喜びである。無常をはかなむというより、むしろ無常を味わい、楽しむべきではないかという心境である。「舎利子見よ　空即是色　花盛り」という俳句があるが、そのことを言っているようにも思える。

ソローの住んだ森に行ったことはないが、二上山には森に加え、人文の歴史が埋まっている。山上には万葉集で有名な大津皇子の墓がある。また山道の途中には奈良時代にまでさかのぼる岩をくりぬいた鹿谷寺や岩屋寺が廃墟として残っている。当時は最高の学問の場所として学僧たちが集まり栄えたであろう。また参詣者や往来の人でにぎわったであろうが、今はわずかに仏陀の線刻のあとを残して苔むして存在しているだけである。山道を歩いているとかつてここを黙々と歩いた多くの人々の隊列が続き、前の方から消えていくイメージが思い浮かんでくる。そして自分もまたその同じ隊列の中を歩いていることを思う。それはむしろ同じ命の連鎖につながっているという安心に似た穏やかな気分にさせてくれる。無常は心の平安と救いにつながっているのである。

小児科医にとって、エリクソンの発達課題は小児期・思春期の精神発達を語るうえでは必須の知識である。しかし私もそうであったが、自分のこととしての最終の老年期の発達課題までは目を通すことは少ない。発達段階の最後、第八期は、老年期60歳後半～である。全ての事を手放していかなければならない時が近づき、手に入らなかった人生に対する後悔をこころに収め自分の生きてきた道の総まとめと、残りの人生に対して関心を持ち、何をするかを問うようになる。この発達段階の課題を獲得することで得られるGiftは『英知(wisdom)』だという。林住し自然の営みの中で無常を味わい、無常を受け入れ心安らかに次の遊行期へすすむということが西洋人のいう『英知』と同じかは分からないが、古来東洋人の精神的営みはそのようなものだったような気がする。

忙しい日常や街中には無常を味わうものが少ない。私はやはり一人で森にいる時間が好きである。ソローの時代と違い、今は森の中でもインターネットで世界中の囲碁友達と繋がるという文明の有難いおまけもついている。今年のヒグラシは聞き納めかも知れないと思い登っていくが、8月末になるともう聞かれなくなる。そして鳴き声はツクツクボーシに変わっていく。最近の都市化の影響や気候変動の為か、季節を告げる生き物が姿を消しているという。来年、再来年、その先、ヒグラシを同じように聴くことができるか心配もする。それどころか自分が聴くことができるかも本当は分からないのである。コナラの枯葉が一斉に舞い落ちていくあの光景を見たくて何度も足を運ぶが、ずっとそこに住んでいるわけではないから、条件が合わなければそういう光景にいつでも出会えるわけではない。それらも私にとってはすべて一期一会の世界なのである。枯葉が落ちていくようなよき別れをする為にこの日々があるのだと思う。発達課題のGiftを得て心穏やかに次の遊行期に移行したいものであるが、仏教哲学は人間、死ぬまで煩悩から離れられないと見通している。森に親しみ林住期をもっと長く楽しみたいが、眼や歯など、身体の各パーツの老化や故障は刻々進んでいる。それは仕方のないこととして、今を楽しみ、等身大の自分でいられることが一番ストレスの少ない道であると思うこの頃である。

（大阪大学　小児科同窓会誌　２０１７年掲載）

樟

ひとびとは桜の美しさに心を奪われるが、桜の花が散ると樟のうす緑の若葉がとても美しい季節になる。樟は街路樹としていたるところにあり、日本の風景を作り出している。あまりにも見慣れているせいか、樟を美しいと思ったことはなかった。司馬遼太郎さんが「私は樟を見るのが、胸が痛むほどすきである。つややかな皮革質の葉に日が照るとき、光が葉ごとに踊ってこぼれているようで、見ていると心まであかるくなる。暖地を好むため日本では九州に多く、西日本がこれに次ぐが、東日本にすくない。……沿道の樟はおりから新緑だった。二年ごしの葉がまだ雲のようにしげっているなかに、黄色っぽい若葉が湧きあがっている色合いは、樟の四季のなかでもっとも美しい。」（街道をゆく25　中国・閩のみち）と書いている。私はこの文章を読んで初めて樟の樹冠全体が黄金色になった後1～2週でうす緑色に刻々と変わっていきだんだん深緑になっていくのに気づかされた。新芽の伸びる初夏前後に落葉するために新芽の色と落葉前の色合いが美しく、俳句では「樟若葉」が夏の季語になっているそうである。司馬さんの造語ではないが「樟若葉」という言葉を司馬さんの本から教えてもらい、その言葉を知って改めて若葉のころの美しさが見えてきたのである。それまでは見ていたはずなのに、見えていなかった。あるいはありふれていて慣れ過ぎて気づかなかったのである。司馬さんが胸が痛むほどすきであるということを読み、私も同じように樟が好きになった。よく分かっている大人の司馬さんが子どものような私に樟の美しさ、見かたを教えてくれたのである。言葉を知って改めて若葉のころの美しさが見えてくるように人間は言葉によって世界を把握しているのである。このことは小児科医の立場から見れば、子どもが言葉と世の中の概念を結びつけて知識を増やし、物事を理解していく過程と全く同じであるように思える。いろんな世の中の事柄について、ものごとをよく分かっている大人が子どもにそのことを教えてあげる、ものの見方、美しさ、意味を教えてあげることが大事である。

樟はいたるところにある。人間の本性として新規なものには心を動かされるものだが、慣れが生じるものである。もしも普段見慣れたものに何回でも感動できればそれは人間の幸せの一つと言っても間違いではないだろう。私には全く別世界の話であるが、美しい女優さんでもよく離婚のニュースが話題になる。これも物理学とは違う人間独特の〝心の慣性の法則〟のせいだろうか。

年ごとに葉を落とす落葉樹と違い、樟のような常緑樹は一年中葉があるように思えるが、常緑樹の多くは2～3年で葉は入れ替わっているそうである。「樟の葉は1年と10日で入れ替わると言われています。」と植物園のネイチャーガイドが説明してくれた。赤茶に色づいた葉を落としながら、樟若葉が萌え出ずるのである。前述の「…二年ごしの葉がまだ雲のようにしげっているなかに…」という司馬さんの表現はガイドの説明を聞いて初めてその文章の意味が分かるのである。ガイドの説明が司馬さんの中では常識になっていて、そのような目で樟を見ているのである。司馬遼太郎さんは「人間の心を癒すのは樹木だけだ。」と書いているように植物学者なような知識に加え樹木に愛情を注いでいる。私はその植物学の知識を文学的に教えてもらうリズムが好きだった。樹木を愛する司馬さんは次のような文章で樹木の大切さを教えてくれている。「樹木が特殊鋼の大砲や合金製のジェット機よりも、はるかに人間の生存に大切なものだということは、世界じゅうのひとびとが気づきはじめている。人も陸生動物も、樹木に拠りかかって生きており、水に棲む魚でさえそうである。樹木の多い岬に魚群は寄り付き、樹木が伐られるとどこかへ行ってしまう。」(街道をゆく25　中国・閩のみち)

日本一のクスの木（鹿児島・蒲生）

日本も「古越」の国と同様、樟（楠）の国である。古代の独木舟は多くの場合、樟でつくられた。材は石のようにかたい。（街道をゆく25　中国・閩のみち）私の故郷、鹿児島にも樟は多い。樟は樟脳の存在によって虫がつきにくく長寿を保つのではないかといわれている。中でも鹿児島県、蒲生の八幡神社の神木の大樟は樹齢1500年で日本一すなわち世界一の樟である。大樟の周りは大切に柵で囲み木道がつけられている。ある日、私がそこを訪れ木陰のベンチで休んで大楠を見上げていたとき、一人のお婆さんが散歩の犬を連れて近づいてきて、「お参りに来てくれてありがとう。」と声をかけてきた。一緒にベンチに座りながら話をしてくれた。宮司の娘さんで、子どもの頃は大樟の洞に入って遊んでいたそうである。神社で昔は神楽も舞っていたという。諸国を行脚する僧に古老が現れて昔の栄華の物語をするというのが能のストーリーである。なんだか状況が能の物語の様であるが、話によればその人の娘さんがラサール高校の数学の先生をやっていて、カナダから英語教師として赴任してきた先生が帰国に際して娘さんをお嫁さんにもらいたいと言ってきたそうである。当時、国際結婚などほとんどなかった時代のことで、一旦断ったが、校長先生の仲立ちと、相手の人が人格の優れた人であるとの口添えがあって結婚を承諾したそうである。米国で子どもが生まれ、その子が成長した時、アメリカ人の女性を連れてきたそうである。結婚式は是非、大樟のあるこの神社でやりたいという希望のもとで結婚式をあげたという。今、その子はニューヨークの大学の教授になっているということであった。話を聞いているうちに、樹霊というものの存在を感じてしまった。代々、人々に大事にされて1500年をずっと生きてきた大樟とその大樟を見て育ち、その樹霊にずっと守られてきた人々。その物語の中で人々の中に連綿と続く何かしら芯のようなものを感じた。樹霊のもとに樹霊を感じながら、樹霊と共に生きるということは幸福なことに違いない。そしてあとひとつ感じたことは、世代を貫いて続いていくという点で本当に教育は大事だなということであった。

司馬遼太郎さんは「街道をゆく　肥薩のみち」でここ蒲生を訪れている。八幡神社のことも書いてあるが不思議なことに樹木については愛情も知識も深く、しかも「私は樟を見るのが、胸が痛むほどすきである。」という司馬遼太郎さんがこの大樟について何も書いていないのである。私は少し残念でもあったが、考えてみれば日本一の大樟であり、すでに多くの書物にも書かれており、あまりに有名すぎて多くの人が知っているので、自分では書く気がおきなかったのではないだろうか。それもまた権威とか権力とかに近づかなかった司馬さんらしいことのような気がするのである。しかし、ある日、司馬遼太郎さんが蒲生の大樟について書いてあるところにぶつかり、大発見をしたようにうれしかったことがある。「クスノキは、ふつう樟の字があてられる。老木になっても壮んで、雄大な樹冠をなし、樟脳がとれることでもわかるように、つよい芳香を蔵している。私は大樟をずいぶんみた。空海の生地の讃岐(香川県)の善通寺のクスや薩摩(鹿児島県)の蒲生町の蒲生のクス、福岡県太宰府のクスなどを見てきたが、東京の都心にこれだけのクスがあろうとはおもわなかった。」(街道をゆく37 本郷界隈)。司馬遼太郎さんは蒲生の大樟も確かに見ていたのである。おそらく私が座ったベンチから堂々と葉を茂らすあの大樟をゆっくり見上げていたのではないだろうか。そのような姿を想像するのである。

私は司馬さんが書いた樹木を訪ねるのが自分の楽しみにもなっていた。学会が東京であった時、樹齢600年といわれる本郷のクスを訪ねたこともある。クスノキは南方系の樹木で関東地方では珍しい木であるそうである。苗木で育てて定植するなら育つが、霜が降りる、雪が積もる地域では実生では一年目で枯れてしまう。江戸時代は寒い時期があったのでクスノキは関東地方では珍しい木である。(木を知る・木に学ぶ　石井誠治)。南国育ちの私は見慣れた樟は日本中どこでもあると思っていた。日本でも北の地方では樟の作る風景はないのである。こういう知識があって初めて司馬さんの「東京の都心にこれだけのクスがあろうとはおもわなかった」という文章の意味が分かるのである。知は世界を広げてくれる。一方、知は束縛でもある。芸術家は新しい境地を開拓するに知の後、その束縛から解放されなければならない。私が司馬遼太郎さんの本を好きなのは司馬さんが歴史や地政を鳥瞰の目で見て、束縛から離れ自由に飛び回っている文章やリズムを楽しめるからである。本のみでなく、樟の美しさを教えてもらい、旅の楽しみを与えてもらい、司馬遼太郎さんに感謝、感謝である。

(大阪小児科医会会報　2018年4月号掲載)

杉・ヒノキ

杉は日本および中国に自生する常緑高木で材は加工しやすく有用種だが植林面積が多く、花粉症の代名詞となっている。一本の木には20億個の花粉がつく。年ごとに変動はあるかもしれないがＮＨＫによると２０１８年は３月10日が杉花粉のピーク、４月５日がヒノキの花粉のピークで桜の開花と同じリズムだそうである。昔は花粉症に無縁だっただろうが、桜の満開を享受している時に花粉を大量に浴びているという現代の日本人の宿命的な取り合わせにおかしみさえ覚えてしまう。天然杉や古代杉は花粉を多くは付けないが植樹した杉は多くの花粉をつける。自分の境遇に危機を感じて子孫を早く残そうとしているのであろうと説明されている。抗原暴露の多さに加え、日本人も環境汚染や食生活の変化などからアレルギーになりやすい体質に変わってきたのであろう。杉花粉症に対する治療はマスクなどによる抗原暴露の回避、抗ヒスタミン剤による症状緩和が主であるが、最近では舌下免疫療法（ＳＬＩＴ）・皮下注射による免疫療法（ＳＣＩＴ）による脱感作効果がより大きく長続きするし、治癒が期待できるとされている。

山歩きを始めたころ杉とヒノキの区別もつかない私だったが、ガイドから木の皮がすっとめくれるのがヒノキと教わり、多くの寺院でみる檜皮葺の屋根がこれから来ているのを体験的に知った。ウイキペディアによると「檜皮葺（ひわだぶき）とは、屋根葺手法の一つで、檜（ひのき）の樹皮を用いて施工する。日本古来の伝統的手法で、世界に類を見ない日本独自の屋根工法である。多くの文化財の屋根で檜皮葺を見ることができる。」とある。また考古学の調査によれば木簡の材料は杉とヒノキがほとんど多くを占めている。顕微鏡で木の種類が分かるのだそうである。このように日本人は昔から身近な木を生活に役立ててきたのである。

いつの頃からか、アレルギー性鼻炎が出てきた私にとっては杉やヒノキの花粉の飛ぶ3〜5月の時期、植林の山は敬遠することになる。花粉症の人は全国で26%、年々増えていて国民病ともなっている今、いささか迷惑がられているが、それでも司馬遼太郎さんの本によれば日本人は随分お世話になって来たし、日本文化と強く関係しているのだという。

「紀元三世紀前半は、鉄器の国内生産は行われていなかったが、輸入品としては入っていた。しかし庶民が、板をつくるためのノコギリやカンナをもつにはいたっていない。それでもなお登呂の水田で板がふんだんにつかわれていたのは、板として割りやすい杉が本州に多く存在したからだろう。われわれは、古代以来、杉にずいぶん世話になってきた。」（街道をゆく38　オホーツク街道）

「桂離宮がそうであるように、曼殊院もまた庭を楽しむために建てられた建物で、これらの建物を何百年もさきまで残したいという要求は、もともとなかったであろう。このため、檜材はほとんど使われていない。檜は硬質で耐久性がつよいが、御殿御殿した重苦しさがつきまとう。この点、杉はやわらかく、風化しやすいが、現世を仮の住まいとして考える——それも宗教的というより美的感覚として感ずる——立場からいえば、なんともいえぬ軽みがある。杉は室町期からあらわれる数奇屋普請の主役で、それ以前には建築材料としてはあまりつかわれていない。杉材がもつ軽みと無常のうつくしさのよくあらわれているのが、桂離宮と曼殊院で

はないか。」（街道をゆく16　叡山の諸道）

このようにずいぶんお世話になっているというものの、実際のところ、山歩きの好きなものにとっては杉やヒノキの植林の山は殺風景でつまらない。生き物のいる感じがしない。その点、大阪近郊では生駒山や六甲山は植林が少なくて雑木林の自然林が多く、私の好きな山である。東海道中の浮世絵の景色は、みんなはげ山であるのを見ればわかるようにかつて日本の山はいま目にしているほど青々とはしていなかったということである。人々は山に入り薪を取り、山を生活の場として利用していたのである。六甲山も生駒山も化石燃料や電気が普及するまではは げ山だったようである。今、生活のためではなく、楽しむために緑豊かな山を歩けることに感謝しなければならないと思う。

興味のわかない植林の山であっても好きなことがある。杉やヒノキそのものではないが、秋に植林の林床で黄葉するクロモジ類の美しさである。クロモジはあまり手入れをされていない植林の山で日の射さない林床でひっそりと生えていて、夏にはその存在を全くといっていいほど気づくことはない。しかし秋になり一斉に黄葉して、主役が交代するほどに殺風景だった風景をすごく美しい風景に変えるのである。黄葉の時期になるとそれを見にわざわざ植林の山に行きたくなる。高野三山の女人道などそのために何度も訪れた。朝の通勤途中に背伸びしたい盛りの女子高生が口紅をして自転車に乗って髪をなびかせ登校する姿を見るにつけ幾分違和感を覚えるが、その対照として、クロモジの黄葉を、高校時代おとなしく目立つこともしなかった女子高生にいつか時が来て、美しい娘さんになっていくというイメージに結び付けてしまうのである。昭和に田舎で高校時代を過ごした者に沈殿した、おやじ感覚が、一方的に肩入れして心象風景をますます美しくしてくれるのかもしれない。

ある日、台風一過のあと山にいくと、植林の林で杉の小枝が吹き落とされて山道に降り積もり、さながら延々と続く緑のじゅうたんの上を歩いているようで最高のぜいたくを味わった。孔子・孟子を持ったはずの国の首相が訪問国・イギリスで飛行機からの赤じゅうたんが3m短いとクレームをつけたというニュースもある。政治家等が赤いじゅうたんの上を歩くのは高揚した贅沢な気分のように思えるが、赤いじゅうたんの上を歩くのも対外的に威厳を示さねばならず、外から見るのとは違い、大変なものなのだろうと想像する。「笛吹かず太鼓叩かず獅子舞の後足となる胸のやすさよ」という句とともに、赤いじゅうたんより緑のじゅうたんを歩く庶民の幸せを思う。しかし江戸時代の経世家二宮尊徳にかかればこの意味も単純なものではないようである。門人のある人が、いつも好んで、「笛吹かず太鼓叩かず獅子舞の後足となる胸のやすさよ」という古歌を口ずさんでいた時に、尊徳が「この歌は、国家経綸への大きな志を持って、功成り名遂げて、その仕事を後進に譲り、そのあとで歌うのであれば許すことができます。しかし、あなたのような

杉林の下、黄葉の美しいクロモジ（高野山）

人がこれを口ずさむのは、はなはだ宜しくありません。そもそも前足になって舞う人がいなければ、どうして後足になることができましょう。（中略）上に文武百官があり、政道があってこそ、みな安楽に世を渡ることができるのです。このように国家の恩徳に浴しながら、このような寝言を言うのは、恩を忘れるということです。」とたしなめたということである。（二宮翁夜話）。徳を持った人の見解は一般人とは違ったすごいものである。道家の言葉が意味をなし、受信器を持った人々がお上を信じ、お上に従うことのできた尊徳の時代は、庶民にとってある意味で幸福だったのかもしれない。ただ今日、情報化・価値の多様化の中にあって、精神の深さや徳を感じさせないような世界の指導者の台頭をみるにつけ、尊徳のいうような受け取り方をすることが容易には出来なくなってきているのではないかという気がしないでもない。日米の文化に詳しいジェフ・バークランド氏（京都外国語大学　教授）の講演を聞いたことがある。それによれば「アメリカは発信者責任型文化であり、トランプ大統領を見ればわかるが、聴く耳を全く持たないが、発信力はすごい。一方、日本は受信者責任型文化であり、昔より、日本は自然界を観察しいろんな情報を解読しながら文化を作ってきた。日本人の受信力は世界一だけど今後は発信力を身につけていかねばならない。ないものを補っていく努力は人間の道だと思う。」と日米の違いを解説すると共に日本人へのアドバイスを述べている。ネット社会の現在、発信は容易くなった。しかし、悪意、あるいはゆがんだ自己顕示欲からの発信もある。一方、過剰な情報の中で自分が好むものだけに偏し、断片的な情報の渦の中に埋没しがちになる。情報受信者として人は即物的になり、次第に受信力も失っていくのではないだろうか。その影響は今後、子どもの頃からＩＴに囲まれて育った若者ほど大きくなっていくに違いない。自然は情報社会の対極にある。このような時代だからこそＩＴを活用しつつも、我々は、今まで無意識のうちに日本人の心と文化を育んでくれた自然から離れてはならないと思う。何でもエビデンスが要求される今、自分自身それを示すことはできないが、気分としてその思いは確信的である。

熊野古道を歩いていたときそこに植林されていたヒノキの木々は直径30～40センチぐらいの立派な木に育っていた。ヒノキ林の道端に昭和50年に行われた植林事業を記念する立て看板が建てられていた。それはちょうど私が医者になり結婚した年であった。専門家の話によると、「木が太っていくと、中心部は赤くなる。これを心材と呼び、周りの白い部分の形成層とは区別される。20年を過ぎると成熟し木の性質は安定する。」ということである。立派に育ったヒノキに比べ、社会に貢献できたであろうか、私には自分を支える心材ができているのだろうか。結婚というものに心材ができているのだろうか。心材どころか空洞になっているかもしれない。そこを通り過ぎながら、立派な木に成長した木と同じ時間を経た自分を比べ、頭の中で「40年の年月、汝、何をかなせし」という詩句のようなフレーズが繰り返し廻った。植林の林も私にはいろんなことを思わせてくれる。エッセーとは元来思索的な散文であるから受信者責任型文化の典型的な表現形式である。このエッセーを読んでくれる人の受信器に山歩きの楽しさ、樹木への興味が伝わることがあれば幸いである。そうであればささやかながら発信者として少しは役割を果たしていることになるのかもしれない。

（大阪小児科医会会報　２０１8年7月号掲載）

珊瑚樹

井沢八郎が「上野は俺らの　心の駅だ　くじけちゃならない　人生があの日ここから　始まった」と歌うが、人生を振り返った時、いったい人は人生のスタートをどこにおいているのであろうか。新生児を扱う医者の言う周産期はあたたかい心を育むスタートの時であり、良い（悪い）刺激で良い（悪い）発達につながると教えていることに全く異論はない。同様に小児科医としてまた保育園に勤務する身として子ども時代の大切さを保護者にはいつも強調している。私もそうであるが、子ども時代が人生の根っこになり、その人の基調を形成することは誰でも認めることであろう。ただ私にとっては自分の意識の範囲からすれば、今の人生の連続性の出発点を高校時代と言うほかはない。いつも訪れる長居植物園の散歩コースの最初に珊瑚樹がある。残念ながら司馬遼太郎さんの本の中で珊瑚樹のことにふれた文章に出会ったことはない。四季折々この木々を眺めながら通り過ぎる。植生の分布が沖縄～本州と書いてあるから、日本では南方系の木なのであろう。まったく目立たない灌木のような木であるが私にはそれが高校時代の思い出につながる木なのである。なぜなら珊瑚樹が校歌に謳われており、高校の発行する同窓会誌の名前が珊瑚樹であるからである。高校の校歌は「片耳の大鹿」などの代表作で知られる児童文学作家の椋鳩十さんの作詞であることは誇りである。

ウイキペディアによれば「椋鳩十は１９４７年から１９６６年までの19年間、鹿児島県立図書館長を務める。鹿児島県内の小中学校・高校の校歌に詩を提供しており、今なお歌われ続けている。」とある。私の高校入学は１９６５年であるからその頃まだ現役の図書館長だったことになる。鹿児島中央高校はまさに急増した団塊の世代の高校生の受け皿として創られた新設の高校である。私は３期生だった。新設の高校ゆえに校長や先生たちをはじめみんな意欲に燃えていて活気があった。そして修道院のシスターの服のような幅広い白い四角の襟が特徴のセーラー服は当時から垢ぬけていて、それを着ている女生徒がまぶしかった。以下に校歌を載せる。

鹿児島中央高等学校校歌

　椋　鳩　十　作詞

　迫　新一郎　作曲

一　南の瑠璃晴天の
　空高く　燃えて聳ゆる
　桜島
　自主独立の
　若人意気天を衝く
　桜島　燃えて聳ゆる
　燃えて聳ゆる

二　南の紅き珊瑚の
育つてふ　黒潮寄する
さつまがた
好学つとむ
若人の心に結ぶ
さつまがた　紅き珊瑚樹
紅き珊瑚樹

三　南の朝日子そらに
地には花　匂いゆたかに
美し郷
敬愛ここに
若人の園ははつらつ
朝日子の　金と輝く
金と輝く

学校の敷地内には東郷平八郎の生家の記念碑が建てられている。学校のある加治屋町のすぐ近くには西郷隆盛・大久保利通の生家がある。今もあるのか知らないが当時は授業の始まる前に学校の周りを全員が走るという団体訓練があった。その頃学校の敷地と道路の間の垣根に何の木があったのか全く知らなかったし、その木

東郷平八郎　生家の石碑

のことを教える人もなかった。もちろん教えられたとしても高校生の私に興味などあろうはずがなかった。校歌の斉唱の時、珊瑚樹のその木を意識して歌っていたわけではない。ただ語呂のいい語句として歌ってだけだった。珊瑚樹という木の名前を、意識するようになったのは山歩きをして樹木の名前を覚え出してからのことである。渡部昇一氏は「人生の秋は同時に物事が明らかに見えてくるものである。春や夏といった若々しくはつらつとしている時には見えないものが見えてくる。」と書いている（渡部昇一：知的余生の方法）。高校生時代には全く気が付かなかった。赤い実がついていた記憶もない。道路と敷地を隔てるただの雑木であった。見えていなかった。名前を知らないものは見えないものらしい。知ろうともしなかった。知っていてどうだったかは分からないが、「知るには愛せねばならない。愛するには知らねばならない。」（西田幾多郎）という哲学者の言葉からすれば、樹木への愛はなかったのである。故郷に帰った折、50年ぶりに高校の周りを歩いたが、外からその気で確かめた垣根の木は珊瑚樹だった。50年もたつのに木の太さはそんなに大きくはなかった。もともと大木にはならない木である。椋鳩十

鹿児島中央高校の珊瑚樹の生垣（加治屋町から明治維新にかかわる偉人が多数輩出した）

さんは作詞を依頼されて、きっと歌詞を作るとき学校を隅々まで見て回ったのだなと改めて思った。樹の名前にも詳しかったに違いないし、人間や動物への愛のみならず、樹木への愛があふれていた人だったのだろう。

年をとると昔の同窓生に会いたくなるのは私だけだろうか。その時代の人々の中に、そして付き合ったガールフレンドの中にまだ人生の垢をため込んでいない昔の自分が残されていて、その自分を探しに行きたいからではないだろうか。高校時代というのは一生の友達ができる環境でもある。一般的に社会に出てからはある年齢をすぎるとこちらにそれだけの魅力がなければ新しい友人は簡単にはできないものである。恋愛にしてもある年齢をすぎると純粋な恋愛はできなくなるのが普通である。

脚本家の山田太一さんは高校の同級生で、親友の寺山修司さんが病死した時、「あなたと一緒に、自分の中の一部が欠け落ちてしまったような淋しさの中にいます。」と弔辞を読んだという。モハメド・アリが死んだときアリと戦ったジョージ・フォアマンは「俺たちは一つだった。その一部が抜け落ちてしまった。」とツイッターでつぶやいたという。このような記事を読むと、友人の中に昔の自分の片割れが残されているという気持ちは多くの人が同じように持つ一般的な感情ではないかと思う。実際私の心の中にはその頃の人々の昔のままの姿が残っている。

私にとって、珊瑚樹は回想の依り代になる。若者は「年寄りは思い出にすがりつく」と冷笑するが、五木寛之氏は著書「孤独のすすめ」の中で、「ひとり静かに回想するとなにやらあたたかいものがじわーっと広がり、私の心を甘酸っぱい幸福な気持ちで満たしてくれる。回想は誰にも迷惑をかけないし、お金もかからない。年を重ねた人間にとっては豊かさや元気の源になる。」と書いている。私が高校時代を思い出すために珊珊樹を見て歩くのはそのことが回想というかノスタルジーの時間を与えてくれるからである。経験的な事実を科学的な根拠で説明されると妙に納得するところがある。特に日本人は英語に弱い。外国のデータを示されると変に納得しやすいものである。私も意を強くしたのであるが、脳科学の研究からノスタルジーの効用が明らかにされてきたということである。

『過ぎ去りし日を懐かしむことは心の健康に役立つらしい。ほとんどの人ははっきりと思い出せるノスタルジックな過去の情景の中で自分自身を主役に据える。ノスタルジックな記憶が肯定的な自伝的性質と社会的性質を備えている。英国サウサンプトン大学チームはノスタルジーが心理面での安らぎにどのような影響を及ぼすかに着目した実験を行った。最もノスタルジックな思考をする被験者は「幸福」「社会との一体感」「自尊心」という3つの尺度で高いスコアを示した。ノスタルジックな思考は幸せな気分を生むのだ。ノスタルジーは暗い思考から心を保護する殻のようにこの先の攻撃から心を守ってくれる。ノスタルジックな記憶は克明かつ鮮明である。これはノスタルジックな記憶が絶えず育まれているからだ。』（別冊日経サイエンスNo191「心の迷宮　脳の神秘を探る」）。「年寄りは思い出にすがりつく」という若者の冷笑に対する答えとして、子どもや若い時のいい思い出は年取った時へのプレゼントなのであるとはっきり言えるのである。

NHKで脳科学の進歩で記憶メカニズムが解明されてきたという放映があった。記憶というのはゲノム編集のように記憶も取り出されまた付加され編集されるのである。その編集のメカニズムがシナプスの増減・強化記憶タンパク等を通じてなされることが明らかにされてきた。頭に一度刻まれた記憶は、枝葉が切り落とされ育まれるうちに美しく修飾されていく。私達が過去を肯定的に振り返るときそれは文章が少しずつ推敲され美しい詩のようになっていくのと似ているのかもしれない。人間が進化の過程で持った記憶の目的とは過去の記憶をすべて持ち続けることではなく、経験を一つにまとめ上げる創造的なプロセスだという。とすれば年老いてゆく者にとってノスタルジーは人間の記憶の目的にも合致するものではないだろうか。私は小児がんの診療に携わってきたが、治る子ども達ばかりではなく、子どもたちの死と子どもを亡くした親の深い悲しみにも数多く接してきた。親のつらい悲しみを癒してくれるには時間の経過が必要だったが、癒しを記憶の進化という観点から見るとその目的に合致しているのかもしれない。このようなことはデジタル記憶のＡＩ（人工知能）にはとても出来ない相談ではないだろうか。一方では変更や修飾がなされることから記憶とはあてにならないものであるということにもなる。このため冤罪も起こりうることも考慮されねばならないということである。

私の時代にはなかったことであるが、最近では小中学校の卒業の時、未来の自分にあてた手紙を書くという話がある。さらにアンジェラ・アキさんの「手紙　～拝啓　十五の君へ～」という歌が卒業式でよく歌われているそうである。（私にとってはやはり「仰げば尊し」が高校時代のイメージとしてはしっくりしているが。）自分の未来への手紙は未来を持つ若者の特権であり、残された人生が少なくなった私には未来の自分に対して手紙を書くようなロマンはない。司馬遼太郎さんは数々の著作を22歳の過去の自分にあてた手紙として書いたという。「どうして日本人はこんなにばかになったんだろう。二十二歳で敗戦を迎えた時の感想でした。昔は違ったろうというようなことを、もう私は本当に二十二歳の自分へ書いている手紙でした。」これと同じようにきっとこのエッセーも高校生の自分への手紙なのかもしれない。思い出が人生をいかに幸福にしてくれるものかを年を経てやっとわかる年代になった者として、今、高校生活を送っている若者にエールを送りたい気分でもある。よく学び、一生の友人を作り、可能なら美しき良き恋もしなさい、と。たとえそれが人生の常として別離に終わろうとも、年がたてば記憶は編集され美しい詩に昇華してゆき、心を満たしてくれるのだから。

（大阪小児科医会会報　２０１８年10月号掲載）

雑木林①（コナラ）

「山高きがゆえに貴からず」という言葉はよく人口に膾炙されている。学生時分山岳部に所属していたが、恥ずかしながら「樹あるを以って貴しとす」という後半部分があるのを知ったのはずっと後のことである。さらにこの後「人肥えたるが故に貴からず、智有るを以て貴しとす」と続くもののようである。出典は平安時代に成立した実語教の冒頭部分であるが、対句構成で暗記しやすく江戸時代寺子屋の素読用教材として使われたということである。こういう人生訓を含んだ対句が無意識のうちに一般教養として共有されていたとしたら、江戸期の社会というものは現代よりよほど高尚だったのではないかと思われる。あるいは身分社会の秩序維持のためには社会的にも好まれた教材だったのかもしれない。

山歩きをするようになって私には人生訓というより「樹あるを以って貴しとす」という言葉そのものをそのままますんなり受け止められる。司馬遼太郎さんは「人間の心を癒すのは樹木だけだ」と書いている。山歩きが好きというより森や林を歩くのが好きなのである。だから富士山に登ってみたいという欲求はない。もちろん体力的な面もあるだろうが、私にとって富士山は眺める山である。

山では植林の山よりは雑木の林の山が好きである。雑木林には名も知らないいろんな木が生えている。灌木

雑木林（六甲山）

もあれば、コナラのように大きくなる木もある。違った価値をもっているものがそれぞれの価値をもちながら全体をなしているという考え方――これが仏教の教える曼荼羅の考え方である。熱心な法華経信者であった宮澤賢治は詩集「春と修羅」の中の「業の花びら」という詩の一節に「…ああ誰か来て私に言え　億の巨匠が並んで生まれ　しかも互ひに相犯さない　明るい世界はかならず来ると…」と書き残している。宮澤賢治の希求した理想社会を美しい詩句で人々にイメージさせてくれるのである。しかし現実の世界は宮澤賢治の時代もそして、どの時代も理想とはかけ離れているものである。まして今や世界の風潮は「巨怪な権力者が並び立ち　互いに相争い…」という感じで、きな臭さと先行きへの不安が漂い始めている。生まれ落ちたその場で与えられた条件のもと、それぞれの木々が精一杯生きている雑木林の世界。宮澤賢治の詩句を借りながら、「多くの木々が並び立ち、そして互いに相犯さない…」と心の中で反芻しながら雑木林の中を歩く時、仏の現れの中を歩いているのだという思いが沸き起こり、魂に潤いを与えられるような幸せな気分になる。うれしいことに司馬遼太郎さんは雑木林が好きだったそうで、自宅のある司馬遼太郎記念館の庭は雑木林のイメージでつくられているそうである。

ウィキペディアによると「雑木とは建築材料としての利用機会や利用価値の高い針葉樹を中心とした樹木に対して、それ以外の経済的価値の低い広葉樹を主とした雑多な樹木をさす。雑木により構成された林を雑木林と呼ぶ」とある。建材として役に立たないといっても、日本の雑木の多くは落葉するクヌギやコナラなどを主体とした広葉樹からなり小動物に木の実を提供し、人の心には新緑や紅葉の美しさを提供してくれるのである。そして、化石燃料以前は、薪や炭に、そして落葉は肥料として人々の生活を支えていたのである。いま、私たちは生活の為ではなく、健康や心の喜びのために散策するありがたい時代に生きている。雑木の山が好きになると、ただ林の中を歩くだけで脳が喜んでくれる。必ずしも山の頂を目指す必要もなく、また同じコースを何度歩いても飽きることはない。雑木林に主役や脇役はないが、ふもと近くに下りてくるとコナラが多くなる。ケヤキやクスのように巨木になり、一本だけでも堂々とした存在感を示す樹もあるが、コナラの木は単独より多く集まると林はさらに美しさを増す。備長炭の原木であるウバメ樫も何の

コナラの林（六甲山）

変哲もない目立たない木であるが、それが集まって純林になると本当に美しい風景になる。六甲山系の須磨アルプスを歩くとそのようなウバメ樫の純林を見ることができる。見た目には全く不毛の硬い地面で、生育には不向きな不利な条件の中で根を張って生えているように思えるが、むしろそのようなところだからこそ他の種類の木の侵入する余地がなく、純林になっているのだろう。

ウバメガシの純林（六甲・鉄拐山）

私はそれを見たいために何度も訪れている。ＡＫＢ48の女の子達もそうであるが、ひとりよりも確かに集まることによるプラスの効果というものがあるようである。感覚という点では人間の脳はそのようにできているのかもしれない。コナラの秋の黄葉は陽に照らされて黄色から黄金色に染まる優しい色合いである。落ち葉は山道を黄土色の日本らしいシックな色合いの世界を提供してくれる。冬枯れの林は空が明るい。葉を落とした木々の作るシルエットは何にもまして美しい。その造形にはフェイクの入り込む隙は微塵もない。散る落葉を見ながら、また、さくさくとふんわりした落ち葉の道を歩く爽快さは至福の時間である。もし山歩きでどの季節が好きかと問われることがあれば、私は自信を以て秋と冬と答えるだろう。あと何回この季節を楽しめるだろうか。残った時間を自覚するが故に自然がより美しく感じられる。司馬遼太郎さんも「年をとると不易なものに安堵を覚えるようになりますね。自然が身にしみて美しいと思えるようになるとともに世々に生きた人たちに人としての魅力を一入感ずるようになります」と書いている。無常と永遠、そして美はそれぞれがお互いを内包しつつ、巨匠達のように相犯さず並び立っているように思える。その実体はつかめなくても確かに存在する。色即是空空即是色というのはそういうことかもしれない。そうだとしたら小笠原長生氏の俳句「舎利子見よ　空即是色花盛り」のようになんと彩り豊かで静かな喜びに充ちている世界であろうか。個々にとって風景とは心と結びついた心象風景に他ならない。私自身、若い時に冬枯れの林の美しさに気付いていたかどうか定かな覚えがない。いま、ひとりで雑木の山を歩いていると「ああ、誰か来て私に言え。私たちはそのような世界にいるのだと」というフレーズが頭の中をぐるぐる回る。今の70代を老年期の青春とする説もあるそうであるが、見方によっては冬枯れの落葉林と同じように、人間の人生においても白秋や玄冬という季節は、老年期の青春という名を与えずとも青春に劣らず、いやそれ以上に味わい深い時であるような気がするのである。

（大阪小児科医会会報　２０１９年４月号掲載）

雑木林②（クヌギ）

数学者で作家の藤原正彦氏は著書「祖国とは国語」の中で『美しいものへの感動を得るには自然や芸術に親しむことも大事だが、それだけでは不十分である。美しい詩歌、漢詩、自然を謳歌した文学に触れることでさらに美への感受性が高まる』と書いている。「邪宗門」という北原白秋の詩によって当時の人々がかくれ切支丹の暗いイメージから解放され、南蛮に新たな美や認識を広げることができたことを司馬遼太郎さんは『天草諸島は白秋の詩によってそれまで世間の既成イメージとは全く異なる舞台装置をあたえられ――中略――天草だけでなく南蛮もべつの電流を帯びて発光していまにいたっている』と書いている。（街道をゆく17 島原・天草の諸道）物事の本質に一瞬で到達してしまう力が詩の最大の効用である。このように文学や詩歌は美をイメージさせやすくしてくれる力があるのだろう。受験生の時は本の内容は知らずとも 国木田独歩＝「武蔵野」、田山花袋＝「布団」と反射的に覚えていたものであるが、山歩きが好きになったせいもあるがこの歳になると、本気で読みたくなる。国木田独歩は「武蔵野」の中で、『元来日本人はこれまで楢の類の落葉林の美を余り知らなかったようである。林といえば重に松林のみが日本の文学美術の上に認められて居て、歌にも楢林の奥で時雨を聞くという様なことは見当たらない』と書いている。赤坂憲雄は著書「武蔵野をよむ」の中で遊民・郊外・散策が三位一体をなして、独歩によって武蔵野の「落葉林の美」が発見されたと書いている。さらに独歩の日記を読み比べながら「武蔵野」の作品の背景に傷ついた恋愛の感傷が秘められていたことを読み解いている。美も価値も何かに触発されて一旦発見されなければ見えないものなのである。独歩を触発したのは二葉亭四迷訳、ツルゲーネフの「あいびき」に書かれた白樺林の風景だったということである。

雑木林の作る風景は昔も変わらなかっただろうが里山に暮らす人々は日々の生活に追われ、木を薪炭・肥料の対象と見る目にはありふれ過ぎていて、美を美と感じることができなかったのかもしれない。草鞋での雑木林の散策というもイメージできないものである。あるいは美を表現する芸術や文学を持っていなかったかもしれない。高等遊民とは高等教育機関で教育を受け卒業しながらも、経済的に不自由がないため、労働に従事することなく、読書などをして過ごしている人のことであり、明治になって生まれた言葉でもある。独歩のような暇のある高等遊民の新しい眼でなければ発見できなかったのであろう。現在の私どもは高等遊民の身分ではないが、休みの日には雑木林を歩けることに、そして「武蔵野」以後の人間としてその美を教えてもらっていることに感謝してしなければならない。

興味を持てば雑木林は文化的にも生態学的にもふところが深い。このことを幅広い観点からよく分かるように教えてくれる本に出会った。科学朝日の編集長を務め、定年後ナチュラリストとして生きた足田輝一氏が雑木林の美しさに目覚めて書いた「雑木林の博物誌」である。要約的に引用すると、『雑木林は、がんらい天然自然林の林ではない。これは歴史的に、また人為的に、つくられた人工林のひとつなのだ。生態学者は、こういう林を二次林とよんでいる。日本列島の森林の中で、二次林には代表的な二つのタイプがある。その一つが、クヌギとコナラからなる雑木林である。クヌギ―コナラ林は、東北地方から関東地方に多い。十五年から二十五年に一回は木炭やたきぎの材料として切り払われる。これくらいに生長した、クヌギ材、コナラ材が、ちょうど手ごろの太さになるからである。切られた株からは、また芽が生長してきて、次第にもとの樹の林へと、帰っていく。こうした人間の影響が、数百年にわたって、くりかえされてきたところに、雑木林という姿が形成されてきたのである。だから、雑木林は常に人力による定期的な調整が必要なのであって、全く人為をほどこさずに放っておくと、雑木林は違った林相へと変化していくはずである。…本州の中部から西、四国、九州などの、天然常緑広葉樹林をきりひらくと、そこに生まれる二次林の姿は、多くはアカマツ林である。アカマツ林は関西地方の典型的な林の景観となったのである。だから近畿を中心としていた、日本の古い文化の中では、美術的にも、文学的にも、松林というものが重い地位を占めてくる。…雑木林は私たちの生活に密着して、私たちに必要な林だった。またそれは子供たちの天地だった。樹液にあつまる、カブトムシや、クワガタムシは、彼らの遊び相手だった』

クヌギの林（飯盛山）

私は独歩の「武蔵野」に書かれた場所があの東京の繁華街になっている渋谷のあたりの120年前の風景であることに驚くのである。関東に住んだことのない私は実際の武蔵野を知らないが、急速な都市化により武蔵野のような美しかった風景を見ることはできなくなったという。大阪で同じような場所があるとしたら、能勢の妙見山あたりであろう。そこに行くと山里の雰囲気が残っている。山腹から美しい山村風景が眺められ、ポッコリとした山を背景に家々がぽつりぽつりと離れて立っていて、まんが昔話のような光景になぜか気持ちが安らぐ。山を麓に下りてくると輪伐と再生の繰り返しでできた台場クヌギが数多く残っている。クヌギは炭やシイタケのホダ木として利用されてきた。幹の1メートルぐらいのところで伐採するとそこからすぐにひこばえが成長し10年ぐらいで適当な太さになる。それをまた切り出すことを繰り返す。台場になった幹はずんぐりむっくりの味のある芸術作品の様になる。まさに人とクヌギの共同作業によって時間が創り出したものであり、持続可能性を追求して、自然と人間とが調和した最も理想的な姿を現しているようで、見るだけで心が安らぐ気分になる。里山の暮らしを理解するには鉄道も車もなく、都会の会社に行く必要もない時代のことを想像しなければならない。そこに暮し、そこで人生が完結する人々にとって、能勢の山里は山の恵みにあふれ最も豊かに暮らせたところであっただろう。このような平和な暮らしは古代以来長い間続いてきたようである。男女が山に登り、歌を掛け合う嬥歌(かがい)を行ったということから名がついたと摂津風土記にも書かれている歌垣山も近くにある。生物多様性が失われつつある現

能勢の山里

在、里山の思想はエコロジーの観点から今後人間にとって主流になっていくべきものである。里山の豊かさと、自然への手入れの大切さを、養老孟司氏は著書「手入れという思想」の中で『専門家は里山の生命系というのは非常に豊富であると言います。それは自然のままでもなければ、人工そのものでもないからです。人間が手入れをしていって作った世界だからです。それは日本的な世界の特徴だと思います。その話をちょっと進めますと典型的な同じやり方が子育てだと思うのです』と述べている。ほったらかしでも過剰に手を入れ過ぎてもいけないという意味で子育てに関わる小児科医としては心に留めるべき言葉かと思う。

足田輝一氏は消えゆく武蔵野を惜しみつつ、『雑木林を失うことによって、私たちは何を失ったであろうか。ガス、石油、電気による暖房で寒さを屋内からなくすことが、それほど私たちに幸福だっただろうか』と問いつつ、残された武蔵野を一日歩き回った後、また現代の文明がもたらした暖かい灯のもとへかえっていくことへの後ろめたさを『現在の私にできることは、雑木林について語ることによって、一人でも、二人でも、雑木林の旅に心の同行を求めることだ。雑木林の美しさを知る人が増えることは、雑木林の生命が、一日でも伸びることとなのだ。』と書きつづっている。この本は1977年に出版されている。私が医者になりたてのころである。その頃には手に取ることもなかっただろうし、読んだとしてもすれ違っていたかもしれない。それから40年たっている。武蔵野もさらに変わったであろう。何事においても出会うには自分の側の準備が必要である。私自身70年の齢を重ね、山歩きをするようになって、やっとこの本にたどり着いた。私も同行の一人としてこの本のことを多くの人に知ってもらうべく著者の終わりの言葉を記してこの稿を終える。

（大阪小児科医会会報　２０１９年10月号掲載）

令和によせて　―再構成―

多様な抗体が離れた場所にある遺伝子が選ばれ、再構成されることによってできるという仕組みを科学的に証明したことでノーベル賞をもらった利根川進博士によって、DNAらせんからなる遺伝子の固定的なイメージの世界からダイナミックな遺伝子の世界が可視化され、今日の遺伝子研究が発展した。血液腫瘍学の分野でも白血病細胞の遺伝子再構成を見ることで、originやclonalityについての理解が深まった。今でこそ常識化されたが、白血病の診療に携わっていたその当初、このような基礎知識のない状況でrearrangement（再構成）やsplicingなど知らない言葉の混じった講演を聞いて、何のことやらさっぱり理解できなかった思い出がある。遺伝子は動くということから、高名な正岡徹先生が「自分も論文を書く時、以前書いた論文のコピーの一部をはさみで切り貼りして秘書に渡していて、遺伝子と同じことをしているよ。」といって笑わせてくれた。このようなエッセーもいろんな人の考えに自分を重ね合わせ、再構成して出来上がっているようなものである。

新しい年号令和は大宰府に左遷されていた大伴旅人の梅花の歌三十二首の序文、「初春令月、気淑風和…」から引用されているということである。よく考えてみれば令和という新たな年号も遺伝子再構成と同じような方法で作られているように思える。漢字というものは再構成には便利な文字である。子どもの名前もこの頃は佳字を組み合わせたキラキラしたものが多くなった。親は親なりに思いを託しているのだろう。私も旅行先のベルギーでホテルの従業員に請われて、雅字を組み合わせた名前を一晩真剣に考えて書いてあげた覚えがある。一方、司馬遼太郎さんは「中華思想においては野蛮人の国名や人名を漢字表記する場合鄙字を用い好字を用いなかった。」（壱岐・対馬の道　街道をゆく13）と書いている。何千年もの歴史を持つ中華思想は人々の意識の中から簡単に消えるものではなく、現在でもいまだに続いているように思える。過剰な自尊心は他のみならず自分をも害するものである。西暦の他に元号を持ち、二つの時間軸を生きることができることは今や世界の中で日本人だけが持てる幸せである。そのことは日本人の人生を豊かにしてくれるように思える。元号がその時代のイメージや雰囲気さえも作ることを知っているのは当の日本人だけであろう。それ故に、新たな時代への願いが込められた元号への関心は国民的な広がりを持っていた。令和という時代がいい時代であることを祈りたいと思う。

連休中、大宰府の令和ゆかりの神社前の道路には早朝から夜まで長蛇の列が絶えなかったそうである。私は令和が始まって3日目に十数年ぶりに吉野の喜佐谷を吉野に登った。喜佐谷の上り口に大伴旅人の次の歌が掲げられている。大宰府にいた時に遠い都を思って作った歌である。

「わが命（いのち）も常（つね）にもあらぬか昔見し象（さき）の小川（おがわ）を行きて見むため」（私の命も変わらずにあってほしいものだ。昔見た象の小川にまた行って見るために）。大宰府の混雑とは対照的に喜佐谷では新緑の中、山道を降りてくる2組のグループと出会っただけであった。象の小川は吉野の山からこの谷を流れ下り吉野川に流れ込む。流れ込むあたりは宮滝という巨岩奇岩が両岸に迫り、瀬と淵が交錯する景勝地である。この地に離宮が作られ、景観のみならず宗教・政治的な意味もあったのだろうが、天武天皇・持統天皇等がしばしば訪れている。行幸にともなって多くの大宮人や万葉の歌人も訪れたであろう。私は大伴旅人が景勝地の宮滝よりもこの象の小川を見たいと謳ったそのことになぜか心をひかれるのである。象の小川は美しい渓流に違いないが、山歩きをしている者にとってはどこにでもある様な谷川である。大伴旅人には風景に重なる深い思い出もあったのであろう。死ぬまでもう一度見たいという象の小川が私に歌人のそれと同じように見えるわけではない。風景とはそれぞれの人にとっての風景なのである。

以前雑木林の美しさを書いたが、山を案内した時、ある外国人はブッシュと呼んでたいして興味を示さなかった。子どもたちを連れて行っても関係のない話をしゃべり続けていて、風景を味わっているようには思えない。私自身、祖父の家で過ごした子どもの頃の周りの松林は歳を重ねて美しい風景として思い出されが、子どもの頃、美しいと思っていたか覚えがない。人にとって、風景や美はどのように認識されるのであろうか。生物学者でエッセイストの福岡伸一氏は「動的平衡」の中で『進化の過程で私たちの脳にはランダムなものの中にできるだけ法則やパターンを見出そうとする作用が加わってきた。しかし一方ではそのような作用は実はほとんどが空目なのである。客観的な世界などない。絶え間なく移ろう世界を激しく動く視線で切り取って再構成したものが私たちの世界である。私たちは自ら見たいものを見ているのだ。』と書いている。風景も再構成されて認識されるのだという。客観的なものではなく、主観的なものだという。だから誰でも同じように見えているわけではない。木の名前を覚えるだけでも風景は違って見えるものである。風景の背後にある人文の歴史を知るだけでも違って見えるのである。室生犀星は5月と題する四行詩で「悲しめるもののために／みどりかがやく／くるしみ生きむとするもののために／ああ　みどりは輝く」と詠んでいる。逆に言えば物事の美しさがわかるには、人生の中で喜びのみならずむしろ多くの悲しみを蓄積しないといけないのかもしれない。風景も知識や経験や悲しみなど感情等を相手にして脳の中で再構成されるということであろう。子どもが私と同じように風景を味わっているように思えなくてもそれは仕方がないのである。ものごとに意味が与えられ、認識は作られていくように、美もまた再構成によってできたパターン認識に意味が与えられ、個人の中で主観的な美になるということになるのだろう。美に限らず、ものが見えるようになるにはそれを教えてくれる先達のような人が必要なのである。意味を教えてくれるのは教育である。あるいは教育とは再構成に必要な酵素(recombinase)のようなものかもしれない。風景が美しく見えるということは自分にとっては脳の喜びである。司馬遼太郎さんは著書「風塵抄」の中で『君たちは自分の人生を退屈させないように、さらには人を退屈させないように教育というものがあるんだよ』と教えている。

最近放映された「NHKスペシャル―遺伝子」を見て、遺伝子研究はここ10年で急速な進歩があり、DNAから顔を復元できるまでになっていることを知って驚いた。司会者の遺伝子研究者の山中教授でさえもこの先10年がどうなっているか想像もつかないということであった。考えてみれば遺伝子のみならず、文化・思想・ビジネス・テクノロジー等人間の精神活動は違う価値や別の物を再構成することで成り立ち発展してきたように思える。再構成という視点から見ればAI（人工知能）等の発達と相俟って組み合わせの可能性は無限である。多くは選ばれなかった元号のようにabortiveに終わるものもあるだろうが、今後いろんな分野で想像もできないくらいのスピードで世の中の事象が移り変わっていくのではないだろうか。急速な変化で格差の拡大や既存の制度の不具合など社会の歪みも大きくなってしまうこともあるだろう。グローバルな問題も国家を超えて個人にまで押し寄せてきそうな予感もある。歳を重ね、高校時代の古稀の会があるという昨今（もう55人いたクラスの10人は亡くなってしまった）、これからどんな世の中になっていくのか期待する一方、永らえて大災害等も含め、見なくて済んだものを見ることもあるかもしれないという思いもある。ただ、山へ行けば、四季折々、森や林が変わらない姿で待っているということに心が和らぐのである。

（大阪小児科医会会報　２０１９年7月号掲載）

ニレ

ベギン女子修道院のニレの林（ベルギー）

美しい風景を楽しむために旅行することは一般的であるが、樹木が好きになると、樹木もまたそのような楽しみを与えてくれる。ドイツ文学者で外交官でもあった小塩節著の「木々を渡る風」という本の中にベルギーのブルージュにあるベギン女子修道院の中庭のニレ木のことを書いた美しいエッセーがある。本を読んで本の中の木を訪ねたのはこのベギン女子修道院と司馬遼太郎さんの書いているオランダ・ライデン大学のトチの木である。私が訪れた早朝のすがすがしい時間帯に修道院の中庭のニレの林の中をミサに向うのであろうか、数人の修道女が列を作って歩いていた。ニレの林の風景に溶け込んで、全体が清浄そのものを現しているようでそれを見ただけで来た甲斐があったなと思った。私がニレに心惹かれるのは舟木一夫の歌った

「高校三年生」の歌詞からである。「高校三年生」は昭和の名曲である。何よりも昭和とマッチしている。高度成長期、高校進学率が60%のころ友情と別れ、夢を歌った曲である。私にとっては青春時代に流れた歌である。何もかもが濃密だったあの頃、歌はその時代の記憶と結びついている。歌詞に♪ニレの木陰に弾む声♪とあるが、高校に植えられていて木陰を作る様な大木になる木があるとしたらケヤキやイチョウやクスがあげられるだろうが、歌詞として、イチョウやケヤキでは七五調の語呂に合わないしクスでは重々しい感じがする。ニレでなくては軽やかで弾むようなハイカラな感じが出ないだろう。しかし歌は好きでもニレは私の生まれた鹿児島にはない。当然私はニレの木を知らなかったし、その頃は樹木に興味も持っていなかった。初めてニレを見たのは大学一年生の夏休み、親友と北海道一周旅行をした時である。北大植物園に入った正面に堂々と枝葉を広げて立っている植物園のシンボルのような大木であった。ウイキペディアによるとニレにはハルニレとアキニレがあり、ハルニレは日本では北海道、本州、四国、九州など各地に産するが、特に北方で多い。これに対し、アキニレは南方系で西日本に分布する。ハルニレは春に花が咲く。北海道ではエルムの名で知られる。アキニレは秋に花が咲く。

北海道大学植物園のハルニレ

ニレは葉に特徴がある。葉の根元が左右対称でなく不揃いになっている。このことですぐニレとわかる。アキニレはよく訪れる長居植物園や山野でも見ることはできる。同じニレでも鱗片がはがれるような特徴的な木肌のアキニレは高木になったとしても木陰を作るような大木になるような気はしない。北方系のハルニレは関西ではほとんど知られていないようである。丹波篠山の古街道を歩いていた時、そのような事例に遭遇した。地元に義経伝説にゆかりのある木があり、古来人々は木の名を知らず名無し木と呼んでいたという。実はそれがハルニレだった。説明版には次のように書かれている。（…不来坂を前に山麓で軍を整え、其の中腹にあった八幡社に武運長久を祈願し、使っていた馬の鞭を地面に突き刺し「源家長久ならば、芽を生じ盛大に繁茂せん」と言って合戦に向かった。後日鞭は見事に芽を吹き、大木に成長した。樹齢４５９年（寛永19年）風も無きに倒れ、昔から村人の誰もが木の名を知らず「ななし木」と呼ぶようになった。現在は四代目で平成23年９月に植樹されたばかりの若木。名無し木は春の彼岸時期に淡いピンク色の花を咲かせるハルニレで東北地方に見られ、当地方では珍しい落葉高木。…古市地区まちづくり協議会）。伝説は伝説としても、なぜ北方の木である ハルニレがこのようなところに生えていたのだろうか。木の来歴も含め、人々に大切にされて来たこの木から移り変わる人の世を眺めると一つの物語ができそうである。

「高校三年生」の作詞家、丘灯至夫さんは福島の出身であり、当然それはハルニレのことに違いない。歌詞の中にあるニレが作詞家の高校時代の実際の思い出から来ているに違いないと思い、私は作詞家の出身高校にニレの大木があればそれを見に訪ねていきたいと思った。しかし、学校に問い合わせたところ、ニレの木はないということであった。私にとっては少し残念な気もしたが、だからと言って「高校三年生」の価値が下がるものでもない。丘灯至夫さんのイメージの世界なのである。逆に言えば芸術家とはイメージを自由に具象化できるがゆえに芸術家なのであろう。

司馬遼太郎さんの「街道をゆく」シリーズの仕事のお付としていつもそばにいて司馬遼太郎さんのことをよく知っている人が、『司馬さんはなんでも知っているのに「高校三年生」も知らないことに驚いた』と書いている（街道をついてゆく　村井重俊）。私も同じように驚くとともに、未知の部分に触れたようで新鮮に感じた。司馬遼太郎さんは歌謡曲など世俗的なテレビ番組に接することも興味もなかったのだろうという風にとらえていた。しかし、別の本の中で『古来、日本の歌もしくは上代日本人の詩情は悲しみを陳べるときにかえって大きな生命感を感じさせる。とくに別離と望郷の悲しみをのべるときに身をよじって悲しみつつも変に華やぐようなところがあり、このことはいまなお演歌に右の主題が多いことと無縁ではない。』（司馬遼太郎　街道をゆく13壱岐・対馬の道）という文章に出会って感動した。司馬遼太郎さんは演歌等歌謡曲のことも知っていたのである。しかもすぐその中に日本人の本質を見ぬいてしまうという慧眼に改めて感服させられるのである。彼の国の「恨」という身をよじる悲しみの感情の背後にも生命感や華やぎがあるのかしらん、と勝手に妄想してしまう。私は世間の誰もが知っていると思っていたが、昭和60年代生まれの若い人が「高校三年生」を知らないとか、それに対して私が思うほどの思い入れはないというのを聞き、改めて人間というものは自分の感覚・立場からしか物事が見えないものだということを思い知らされた。逆に我々も今の若者が熱狂する歌には興味が湧かないし、その歌を知らないと答えるであろう。幼児心理学の講義で子どもはわがままであるというのではなく、まだ他者の目を持たず、自分の側からしか見えないからだと教えるが、大人になっても歌に限らず本質的に人間はそのことから逃れられないのであろう。「高校三年生」は確かに昭和の名曲ではあるが、その中でも団塊世代のあたりの限られた時代の青春の歌なのである。司馬遼太郎さんが「高校三年生」を知らなかったことに驚いた著者の村井重俊氏は1958年生まれということであるので私の世代に重なっているといってもいい。世代が違う司馬さんが「高校三年生」を知らなかったとしても何ら不思議でもなく、驚くことではないのであろう。

思い出は遠くなるほど美しくなる。「高校三年生」の♪ぼくら離れ離れになろうとも♪という歌詞のように、多くは故郷を出て、離れ離れになった。あの頃の高校のクラス仲間も古希を迎えた。これがみんなで会うのは最後かもしれないという呼びかけで古希の同窓会が開かれた。同窓会で皆が一緒に歌うのは校歌と「高校三年生」である。歌はその時代にすぐに連れて行ってくれる。鹿児島で育った仲間は歌いながらもやはりニレの木は知らないのではなかろうか。ニレの木を知った私がそれゆえに以前より歌を深く感じるようになったかといえばそういうことはない。ただ司馬遼太郎さんが『君たちは自分の人生を退屈させないように、さらには人を退屈させないように教育というものがあるんだよ』（風塵抄）というようにニレの木から派生してツリーのようにいろんな分野につながっている知識や物事を知ることで世界が広がり、私の脳を楽しませてくれたのは確かである。ハルニレは春に花をつけるというが、私は花をつけたニレの木を見たことがない。残りの人生の楽しみの一つとして、いつの日かあの北大植物園をニレの花咲く頃に訪れたいものである。学生時代に一緒に旅した親友とかニレの木の物語をじっと興味を持って聞いてくれる人と一緒ならなおいいに違いない。

（大阪小児科医会会報　２０２０年４月号掲載）

榎（エノキ）

新型コロナウイルス感染症拡大防止の中、日本中、いや世界中が先行きの見えないという沈滞ムードが感染して、的外れなエッセーなど書くことには気が引け、筆が進まない。

中世ヨーロッパでペストが流行したとき人口の三分の一の命が奪われたということであるから、人々の不安はさらに深刻なものだっただろう。ウィキペディアによれば１３４８年に大流行したペストから逃れるためフィレンツェ郊外に引きこもった男女10人が退屈しのぎの話をするという趣向で制作されたのがデカメロンで、私はまだ読んだことはないが世界文学の古典になっているという。ほとんど同じころ日本では吉田兼好により、徒然草が書かれている。後世の私たちはそれを知る立場にいるが、両作者はお互いの文明の存在を想像すらできなかったであろう。そのことを思えばはるかな思いがする。徒然草は高校時代の古文で習ったが、受験のためのものであって、理系の私は文法や古文解釈に必死で、楽しんで読んだという記憶はない。十代の自分が「化野の露とか鳥辺山の煙」などの美しい文章に込められた無常観など深く理解できたはずはない。でも古本屋で目に飛び込んできたのは心のどこかに残っていたのだろう。この年齢になるとこのような古典がなぜか読みたくなる。学校での教育や教科書が何らかの価値を持つとしたら、年を経てまた改めて手にする機会を与えてくれることではないだろうか。年齢によって感じ方は変わってくるものである。読んでいくと教科書にはなかったような男女の情の話も出てくる。学生時代、徒然草・方丈記・奥の細道などの古典は相当年老いた人が書いていると思っていたが、私はもう彼らの年齢をはるかに超えている。現代には精神的になかなか老成できない仕組みがあるのかもしれない。徒然草の中に榎の木のことがでてくる。わかりやすい話なので教科書によく出てくるようであるが私にはその記憶がない。ただ樹木が好きになった今、私は別の意味で興味を覚えた。いつものように司馬遼太郎さんの本に出てくる榎の話をたどり、樹木の旅を書くことにする。

エノキ（長居植物園）

冬は葉を落とした樹木の樹形があらわになりその造形に心を打たれる。樹形の美しい代表が榎とケヤキである。木肌を見て両者を区別できるようになったのは木が好きになって数年たってからであった。榎の黄葉はケヤキよりも少し薄い黄色で、秋の榎も好きであるが、私は冬の榎が一番好きである。いつもよく訪れる長居植物園の中で一番美しい樹形を見せるのは榎である。広々とした空間に榎は空に向って枝を大きく広げている。隣の区域に槐（えんじゅ）が5本ほど立ち並んでいる。木には一本でその姿がさまになる木と、何本も集まって生えることで美しさが引き立つ木がある。私の目からすれば榎は前者で槐は後者になる。万葉集にも出てくるこの木は昔から人々に愛される木であっただろう。司馬遼太郎さんは榎のことを「その成木はたかだかとして枝もよくのび、老樹になると神寂びてみえる。江戸人は、この木を愛し、橋のたもとや村境にうえた。また一里塚にもうえて〝印の榎〟とした」（街道をゆく33　赤坂散歩）と書いている。さらに、「江戸期の一里塚は、塚の上に、旅人のために陽かげをつくるため、松や榎を植えておく」「三十六町ごとに置かれた一里塚は、大坂ノ陣が終わってからは、度量衡統制という、天下統一の基礎条件として作動してゆくのである」（司馬遼太郎街道をゆく10　佐渡のみち）というように歴史の中で旅人に緑陰の憩いを与え、道標として、あるいは人里の境界を守るなど社会を支える重要な役割を果たしてきたことを教えてくれている。一里塚に植えられ、大木になり美しい樹形で遠くからも眺められる風景は浮世絵の絵画のような美しさを想像させる。現在なら一里塚の木を撮った写真集がありそうなものだがそもそも残っているのは一里塚の記念碑たる石柱のみで榎はほとんど残っていないのだろう。

「古代中国では槐を植えるのがならわしだったらしい。徳川日本では、主として榎だった。」（司馬遼太郎街道をゆく10　佐渡のみち）。榎も槐も日本と中国どちらにも存在する木である。ただし榎は中国では朴樹と呼ばれるそうであるが朴は日本ではホオノキである。槐は日本では一般的にアカシアの名前のほうがなじみ深い。なぜ古代中国と徳川時代では街道に植える木の種類が違ったのだろうか。寺井泰明氏の「槐の文化と語源」という論文によれば槐の原産地は中国で、華北の風土に適った樹木であり、当時の詩人や文化人にとって樹陰が人々に安らぎを与えるばかりでなく、高位高官の象徴として重要な樹木であった。長安の大街の両辺には楊や槐の立派な街路樹があり、詩歌の題材にもなったという。今でも北京では大きく茂った槐の木の下で、庶民が涼みながら将棋をさしたり、お茶を飲んだりするそうであり、北京の風景を作り、人々に愛されている木である。植えられた木の背景には歴史や文化につながる意味の世界があるということである。意味の世界を知ることは脳の喜びである。日本では榎がなぜ選ばれたのであろうか。私の榎に対するひいき目から単純に考えれば木の作る風景に対する美的感覚が古代中国と江戸期の日本人とでは違ったのだろうとしか思えない。人々の美意識が風景を作るのである。門の上を松の枝が腕を伸ばしている「門かぶりの松」は和風家屋に対する日本人の美意識からきているのだろう。アメリカに留学した時、ほとんどの家々の広い庭に平屋の屋根を覆うような大木が植えてあり、枝の間をリスが走り回っていた。のびのびと枝を伸ばした木の姿を見てそれがアメリカの自由と豊かさの象徴のようにも感じた。あれがアメリカ人の美意識なのであろう。

さて徒然草の第四十五段にある榎のことである。『公世の二位の兄に、良覚僧正と聞こえしは、極めて腹あしき人なりけり。坊の傍らに大きなる榎の木ありければ、人「榎の木の僧正」とぞいひける。この名然るべからずとて、かの木を切られにけり。その根のありければ、「きりくひの僧正」といひけり。いよいよ腹立ちて、きりくひを掘り捨てたりければ、その跡大きなる堀にてありければ、「堀池の僧正」とぞいひける』改訂徒然草（角川文庫）

僧正は僧侶の中では最高位の位である。僧正にとっては己の地位・自意識にとってプライドが許さない軽々しいあだ名だったのだろう。文学はイメージを育てる。兼好法師は同業最高位の人の子どもじみた行為を権力者の持つおごりと哀しさの象徴として笑い話のように書き残したのであろうか。切られる榎にとっては笑い話では済まされない災難である。今回のコロナ禍は人々にとっては不条理な大災難である。感染症の全世界的波及の発端は独裁の一環として人々や言論に対して弾圧や情報統制をしてきた結果であるという見解が多い。近年、世界は指導者の独裁的な思考や振る舞いに翻弄されてきた。歴史小説を書く中で多くの人間の類型を見てきた司馬遼太郎さんは独裁者に対して次のような手厳しい言葉を残している。「独裁者はかならずしも強者でなく、むしろ他者の意見の前に自己の空虚さを暴露することを怖れたり、あるいは極端に自己保存のつよい精神体質のものに多い」（司馬遼太郎「坂の上の雲」）。世界を動かせている何人かの権力者・独裁者のふてぶてしい顔が浮かぶが、司馬遼太郎さんの冷徹な目に射すくめられたら黙ってしまうのではないだろうか。国家に限らず一般の人間社会でも同じような事象に巡り合うことは多々あるものである。しかし、よく考えてみれば人間も自然に対して独裁者のように傲慢にふるまってきた。今、そのしっぺ返しを受けているようなところもある。今回のコロナ騒動はグローバル化の中で全世界に甚大な影響を与えている。個人のみならず社会全体に歴史上時代を画するような大きな変革をもたらすであろうことは想像に難くはない。中世ヨーロッパのペスト流行は教会の権威を失わせ、ルネサンスと呼ばれる新しい文化に向う契機となったという。コロナ禍は人間、自然、環境、人生といったものを考え直す機会を与えてくれたかもしれない。価値観が変わっていく中でコロナ後の社会がどうなるのか、それよりも私自身がこの淘汰圧に耐えうるのかさえわかりはしない。樹木を愛する者としては「人間が生きている限り、緑への希求が絶え、樹への信仰が消え去ることはあるまい」（足田輝一　樹の文化史）という言葉が示すように、来るべき時代が人間だけではなく自然をも含めた共生の思想を軸とした社会、テクノロジーの発展がそれらを援護する新たな知恵や仕組みを出し合う社会であることを願うだけである。

（大阪小児科医会会報　２０２０年７月号掲載）

街路樹・プラタナス

人間は森を心地よく感じ、愛し敬う感覚を持っていているが、それはなぜだろうというテーマで学際的な研究「人はなぜ、森で感動するのか。その多面性から本質へ」が京都大学を中心にしてなされているそうである。以前からその成果に期待しているが寡聞にして未だ結果に接していない。

ある初夏の日、小山を切り開いた切通しの道で両脇の崖から多くの木々が光を求めて、道路の上を両方から触れ合わんばかりに枝を伸ばし、その結果トンネル状になっている造形を見たときに、上記の命題が頭にあったせいか、感動とともに「包まれるということは人間のみならず生き物にとって基本的に快なのではないか」という思いが幾何の問題への補助線を得たようにふと湧きあがってきたことがあ

切通しのトンネル

る。森で緑のトンネルに覆われるという気分の良さは縄文以来木々に囲まれて過ごしてきた日本人の遺伝子に刻み込まれた感覚ではないか。赤ちゃんが母に包まれる、蚕が繭に包まれる、恋人がハグする、本好きが書斎で本に囲まれている感覚、すべて包まれるという安心と気持ちよさに通じている同類の神経回路を介した脳内現象ではないだろうかという思いである。街の中でも街路樹は気持ちに潤いをあたえてくれるが、それが緑のトンネルのようになっていれば気持ちよさは一層増す。そのような仙台のケヤキ並木や東京の神宮外苑のイチョウ並木は有名であるが、上海のフランス租界に張り巡らされた道路のプラタナスの並木道はスケールが違う。娘と孫が上海に住んでいた時にしばしば上海を訪れたが、緑のトンネルが四方八方の道路で延々と続き私はそこを歩くのがとても好きだった。今でもあのフランス租界の並木道が上海の落ち着きと品格を高めていると思っている。このプラタナスが中国に最初に導入されたのは、1902年、フランス租界の淮海路が整備されるに際して住民が故郷の街路に似せて植えたということであり、もう120年以上になる。プラタナスは西洋原産の木である。フォークソングの、「風」の中で、♪―プラタナスの枯葉舞う冬の道で　プラタナスの散る音に振り返る―♪と歌われている。ちょうど私が田舎から大阪へ出てきた

樹々のトンネル（六甲山）

頃の学生時代に流行った曲で、青春の持つ切なさと都会的センスが入り混じた歌詞とメロディーはプラタナスの木のイメージにぴったり重なっていて、好んで歌った曲だった。鹿児島で見た記憶はなく、実際の木と名前を意識して見たのは上海の並木道であった。上海では法国梧桐（フランスアオギリ）と呼ばれているそうである。歳月を経たプラタナスは、立派な太さに育ち、各々が実に個性的であり、枝振りも自由奔放にノビノビしている。道の両側から枝を伸ばし、道路はすっぽり天蓋のように覆われ、見事な木陰の通りとなっている。中国にとってはアヘン戦争後に結ばれた不平等条約にさかのぼる不快な歴史産物のフランス租界であったろうが、その落とし子でもあるこの並木道は今や上海の美しい宝でもあるに違いない。フランス人に比べ都市美に対する観念の乏しかった当時の日本人がそのような街の景観を作ることはできなかったであろうが、日本人が朝鮮併合でやったことは山への植林であった。統治以降、朝鮮総督府は水害防止のため植林に熱心に取り組んだという。総督府が植えた樹種の1つが、日本原産のカラマツだった。朝鮮半島に気候が似た北海道でもよく育ったからである。最近ネットで知ったことであるが、韓国では、太白山一帯が国立公園に指定されると、国立公園事務所は「日帝が植えた木」、「国立公園の

上海フランス租界のプラタナス並木

地位に日本産樹木は合わない」と、カラマツの伐採方針を打ち出したという。同国立公園内のカラマツは50万本。全樹種のうち11・7%を占め、直径1メートル近くに育っているという。伐採された樹木が木材として役に立ったらそれはそれでいいことであるが、もしソウルあたりで上海のような美しい並木道になっている樹だったら日帝の名残として切ってしまうのだろうか、答えのない仮定の問題ながら、個人的には興味はある。

一般的に私どもは三国志や多くの王朝の興亡と戦乱等、壮大な歴史にとらわれて、庶民の生活空間を想像するミクロの目を持っていない。フランス租界の美しい街路はフランス人のおかげではあるが、中国人の名誉のために付け加えると、中国では既に古代から美しい街路があったのだという。中国文学の専門家、寺井泰明氏は著書「植物の和名・漢名と伝統文化」の中で『槐は、その樹陰によって一里塚や街路樹ともなった。長安の大街の両辺には楊や槐のとりわけ立派な街路樹があって、唐・宋に至るも詩歌の題材となった。漢代、長安城の東郊に槐を数百も連ねて隧道（トンネル）のようになった街路樹があり、諸生が集まり市をなし、議論を交わす場ともなっていたという。』と書いている。司馬遼太郎さんは『並木道の思想のもとは西洋的なもののように感ずるが、私は空海のことを書いていたとき、当時の長安の街路樹（槐樹が多かった）が気になり、あるいは西域の影響かと思って調べてみるとすでに戦国のころから並木道は存在したということを知って驚いた記憶がある。』と書いている（「長安から北京へ」司馬遼太郎）。そして当時の長安の風景を頭に入れ実際の小説「空海の風景」の中では次のように描写している。『長安の東西両街、一百十坊。街路は広く、車馬はしきりに往来し、道路の両側には楡、槐、楊柳などの並木がつづき、枝々はなお寒い風にためらいながらも春を招んでいる。中国人は都市設計の先覚的民族だが、街路に並木を植えることは早くも春秋戦国のころから見られたといわれる。長安の並木の槐は老い、その樹相は見事であった。天を蔽うほどの巨樹が多く、それらの樹と樹のあいだにみえる殿舎、商家、民家のいらかや壁は樹によって映え、いよいよあえかに感じられた。…空海はこの街衢を、紅毛碧眼の西域人が革のコートを着、ひざをおおう革長靴をはいて悠然と歩いている光景におどろいたにちがいない。』日本の平安時代、命がけで唐に渡った多くの留学僧や遣唐使達もこのような風景を見、まさに世界の中心・中華の世界で彼我の文明の差に圧倒されるとともに生涯憧れ続けたのではなかろうか。『ただ新中国以前—おそらく千年以上にわたって—道路は荒涼たるものだった。二十世紀初頭前後に中国に来た神父が樹木のない黄色い大地を見て、自分は神の福音を伝えるよりも樹木を植えることに生涯を使おうと決心し、かれが布教すべき地域に木を植えつづけた。木だけが残った。しかし老いてからもどってみると、木は一本残らず民衆の手で伐られていた。そういう話を上智大学の神父さんの自叙伝で読んだことがあるが、ともかくも木に対して感受性が豊かだったのはあるいは唐代までの中国人かもしれず、その後、鈍感になっていたようであった。』（「長安から北京へ」司馬遼太郎）。作家の紡ぐ文章の裏には万巻の書物と古文書の森があり、行間にも作家の脳に広がる書き尽くせないイメージの世界があるのを教えられる思いがする。司馬遼太郎さんは万巻の書物の森を散策し、思索しながら、書くことであの神父と同じように戦後の日本人の心に樹を植え続けてくれたのではないだろうか。

街路樹としては生育に制約を受けるだろうが、プラタナスは広場では自由に大きく育つもののようである。クロアチアの首都ザグレブを訪れたとき、旧市街地の公園で大人３～４人が手をまわしてやっと届くような大きなプラタナスが散歩道に立ち並んでいるのを見たことがある。ウィーンやブダペストを建設した工人達が動員されて造られた街で、オーストリア・ハンガリー二重帝国の支配下にあっただけに優美で落ち着きがある街だった。年輪の中に街の歴史を包埋しながら巨樹に育ったプラタナスであるが、この樹々の存在が街の風格をさらに高めているように思えた。文化も含めすべては変化していくものであるが、司馬さんの残した数々の著書があの堂々としたプラタナスのように屹立し、数百年も読み続けられ、人々の心の中に格調高い日本の姿を灯しつづけてほしいものである。

（大阪小児科医会会報　２０２０年10月号掲載）

六甲賛歌

文化芸能評論家の木津川計さんの講演を聞いたことがある。人に人格があるように都市にも同じような都市格というのがあるのだという。関西の大阪・京都・神戸を比べるとその特徴が都市格として現れているのがわかる。都市格を決めるのは文化のストックの有無、景観の文化性、都市力（経済）、情報発信の内容と歴史であるという。風格ある都市になるには都市格を上げねばならないが、大阪は古典芸能など文化をないがしろにしてきている政策で都市格（文化）が低下してしまうということであった。演者の頭の中では都市の緑は当然景観の中に含まれているのかもしれないが、樹木に興味のある私は都市格の要素の中に緑を別格にして入れてほしいと思った。「青葉城恋唄」で♪―杜の都―♪と歌われたことで仙台はずいぶんイメージが上がったように思われる。都市美に関して司馬遼太郎さんは樹木の重要性を次のように述べている。『町に樹を植えることに情熱をもたないのはアジアのモンスーン地帯の住人に共通する精神的病弊といっていい。町というのは、緑と緑陰を主体にして作るというのは西洋人のものだし、西洋の文明は詩的にいえば都市の緑陰からおこったとさえいえる。モンスーン地帯にうまれたわれわれは、ヨーロッパや中国内陸部にくらべ草木が簡単に繁茂するため（言いかえれば高温多湿の日本では山を禿山にしておくほうがむしろ困難と思われるほどの条件があるため）、樹木がそれほど都市にとって重要であるということがわかりにくく出来ている。』（司馬遼太郎「街道をゆく」6　沖縄・先島への道）。

『都市美というのは、市民や店の人がすこし気どらねば成立しないのである。お嬢さんたちがきれいな服を買ってもらったとき、どこかを歩きたいとおもう。その舞台を提供するのが、都市というものである。東京の場合、銀座や六本木がある。その点、大阪は台北と同様、都市はビルと道路と商業地区という実用的要素で十分と思ってきたから、お嬢さんたちのための舞台は、キタにわずかにあるにすぎない。神戸にはたくさんある。』（司馬遼太郎「街道をゆく」40　台湾紀行）。この文章が書かれたのは25年ぐらい前であり、それから大阪の街の雰囲気も変わってはきた。そして私は鹿児島から出てきて大阪に50年以上住んでいて愛着はそれなりにあるつもりだが、神戸には確かに都市格としてハイカラさがあるのは否定できない。いつも住みたい街のベスト10の上位に選ばれる夙川、苦楽園、芦屋　西宮等の街が六甲山のすそ野に緑陰濃い状態で神戸まで続いて存在している。神戸をハイカラな街にしているのはなんであろうか。山歩きの好きな私はそれを六甲山の存在だと信じている。

ＪＲ東西線沿線に引っ越してから六甲山に行く機会が増えた。昨年は年間86回のうち47回が六甲山系への山歩きだったからよっぽど気に入っているのであろう。楽しめる様々なルートがある。最寄りの駅まで行き、登山口近くまでバスにのれば大体自宅から一時間ぐらいで登り始めることができる。電車で西宮を過ぎると六甲の山がずっと続いている。電車の窓から山を眺めるだけでも楽しい。日本に来たオランダの友人が、私が旅行した彼の国の広大な緑の国土の美しさを褒めたとき、「boring」（退屈）と言ったのが印象に残っている。山のもたらす景観は有難いものなのである。山を見て育つということは少年にとって幸せであると司馬遼太郎さんは書いている。六甲山は「名山、名士を出だす」というような田舎の多感な少年が毎日仰ぎ見る秀麗な山ではないが、街の背後に楯のように六甲山が控えているのを見ていると無意識のうちに頼もしく思えるに違いない。歌謡曲の「青い山脈」は歌詞としては雪割桜の歌詞からして東北のイメージがあるが、作曲者の服部良一氏は電車から六甲の山並みを見てにわかに曲想が湧いてきたそうである。弾むようなメロディと希望に満ちた歌詞は今でも昭和の歌・心に残る歌として人気は第一位となっている。六甲の山はそのようなハイカラで明るい気分をもたらす山である。そんなことを思いながら眺めていると神戸の人がうらやましくなる。

六甲山を歩いていると樹の間から海が光って見える。遠くに葛城・金剛に取り巻かれた大阪の街が見え、眼下に神戸の街が見える。木津川計さんによると、大阪は見上げる街、京都は見回す街、神戸は見下ろす街だという。従って神戸の街を考えると六甲山を抜きにしては考えられない。大規模な都市公園として有名なニューヨークのセントラルパークが南北４km、東西０・８kmの広さである。セントラルパークがニューヨークをさらに魅力的にしている。六甲山系は東西30km、南北８kmで単純計算ではセントラルパークの80倍ほどあることになる。六甲山は瀬戸内海国立公園の一部であり、神戸はその公園を街に近接して保有しているのである。この点、他の都市は太刀打ちできないであろう。公園は都市には大事なものである。しかし、日本にはそのような思想がなかったらしい。司馬遼太郎さんはそのことを次のように書いている。『明治初期明治政府は徳川家の所有地だった上野の山を全部大学にしようとしたときに相談に行ったオランダ医師のボードインが「ヨーロッパでは都市に自然の森がない場合は苦心して人工的に森をつくっている。都市には森林が必要なんだ。それを丸裸にして大学をつくるというのは間違っている」といった。公園という思想もなく、都市に公園が必要であることも知らなかった。…… 緑はすべての基礎です。』（司馬遼太郎「十六の話」）。

六甲山も中世以降は燃料や肥料採取のため荒廃していたそうである。100年以上前には禿山だった写真が残っている。水害も多く、明治以降大規模な植林を行い今のような森林が形成されたという。従って森林浴を楽しむには歴史的にも現在が最もいい時代にいるということになる。昔は山に入るのは楽しむためより生活のためであったことを考えるとまことにありがたい時代にいるのである。森も自然林が好まれるのは生物の一部としての人間に普遍的な感覚だろう。『今日ヨーロッパ・北アメリカの諸都市は郊外は言うに及ばず、町の中心部にも可能な限り落葉広葉樹林を復活させています。人口問題も含め自然と調和のとれた営みこそ都市が存在し続ける基盤であるという考えが広くいきわたってきたからです。』（大塚秀章「森を読む」）。このような状況を知れば、六甲山に植林した先人に先見の明があったと感謝しなければならない。杉やヒノキではなく植林に多種多様の樹木を選んでくれたということで自然林に近い森が形成されてい

黄葉の美しい六甲山の山道

るのである。このことが六甲山をさらに魅力的にしてくれている。こうして巨大な都市公園の六甲山の恵みが神戸に霊気として流れ込んでいる。街や人々に影響を与えないわけがない。まさに六甲山の薫習といってもいい。誰とも出会わない六甲山の森をひとりで歩いていると、薫習の源である胎内にいて、「空山人を見ず」という詩句とともに山を独り占めしているような唯我独尊ならぬ唯我独存というぜいたくな満足感にみたされるのである。

有馬への道

昨年末（２０２０年11月）に六甲山の頂上付近に水洗の洋式トイレを備えたトイレ兼休憩施設が出来た。そこから有馬へ下る道はタカノツメ等の黄葉のころは泣きたくなるほど美しい。ましてや温泉も待っているのである。この施設の設置は神戸市の役所の仕事として大ヒット商品である。国民の心身の健康増進の観点から見ればメタボ検診よりもコストパーフォマンスははるかにいいのではないだろうか。願わくばこのような施設が六甲にまだ何か所か、そして日本全国に増えてほしいものである。コロナ以後、旅行が制限されたせいか山には若者が増えた。このような施設があればますます若者や女性、そして外国人の登山者が増えるであろう。コロナが終息した晩に、日本を好きなリピーターが次に目指すのは山の森や紅葉であろうと確信するからである。実際、私はシンガポールの女性の二人連れ、インドの男性、台湾からの家族連れ、スロベニアからの若者に山で出会ったことがある。日本の森は紅葉も含め世界一流である。日本の女性も世界一流である。きれいなトイレを得たことで六甲山そのものも世界一流になったと思っている。いつも楽しみを与えてもらっている六甲へのオマージュとしてのこの稿を終える。

（大阪小児科医会会報　２０２１年４月号掲載）

葛城・金剛礼賛

六甲賛歌を書いたが、我等が大阪の葛城・金剛山のことも書かねば片手落ちであろう。葛城・金剛に対しては賛歌よりも崇敬の気持ちの含まれた礼賛がふさわしいかもしれない。去年（２０２０年）は金剛山10回、葛城山2回だった。金剛山は植林の杉やヒノキが大きく育ち、陽が入りにくいので登り始めるのっけから深山幽谷の雰囲気がある。花粉の季節は避けているが、冬の雪中登山・夏の沢沿いの谷道・別荘感覚で利用している葛城ロッジなどお世話になることおびただしである。

ずいぶん前、九州・九重連山のガイドツアーの帰りのフェリーの上から大阪へ向かう進行方向正面に葛城・金剛を海上から見たことがある。大和と河内の境界を画して聳え立ち、兄弟が肩を組んだような葛城・金剛の連嶺のつくるスカイラインは特徴的で、頂上にはいつも登っているのですぐわかる。その姿を柿本人麻呂は感動的に大和島見ゆと詠んでいる。「天離る　鄙の長道ゆ　恋来れば　明石の門より　大和島見ゆ」。犬養孝さんによれば、万葉時代、明石海峡を明石の大門（おおと）といい、万葉人にとって、海は当時の手漕ぎの舟では危険極まりないものであったという。役目を終えて、西から瀬戸内海を帰ってきてこの海峡に入ったとたんに葛城・金剛の山が見えるのである。それを大和島と詠んでいる。山々の向こう側に都があり、家があり、待っている妻子がいるという感動は現代人のもつそれとは比べられないくらい大きなものだったであろう。引っ越したマンションのベランダから葛城・金剛の山が見えるのが気に入っているが、葛城・金剛の山を眺めるとき、その姿は人麻呂が見た万葉時代と変わらないものであるという悠久の時間への思いで遥かな気持ちになる。司馬遼太郎さんも「年をとると不易なものに安堵を覚えるようになりますね。自然が身にしみて美しいと思えるようになるとともに世々に生きた人たちに人としての魅力を一入感ずるようになります」と書いているが、私の年齢がそういう気持ちを強めているのかもしれない。

一方、大和の方から眺めたら、葛城・金剛は奈良盆地を囲む西側の青垣山を形成している。古事記に詠まれた「倭は国のまほろば　たたなづく　青垣　山隠れる　大和しうるはし」である。古代集落は盆地の周りの麓や高地に発達した。東の三輪山系には出雲族、西の葛城山系には葛城族、南には国栖、それぞれが村々の神（国つ神）をまつり、いまでも古い神社が存在している。葛城・金剛の山麓の棚田を縫うように細々と続いている葛城古道は古代の人々が歩いた道であり、一言主神社など古代の雰囲気を残している。山に登らな

渓流沿いの道（金剛山・もみじ谷）

くても時々歩く、私の好きな散歩道である。

さらに葛城山と二上山の間には大和と河内を結ぶ日本最初の官道である竹ノ内街道が通っている。唐や韓の異国の使節や芭蕉など有名人が通っている。まだ時の流れが緩やかで、古代から近世に続くそのままに、大和は国のまほろばという風景が残っていた頃、司馬さんは幼少期を竹ノ内街道沿いの竹内村の母の実家で過ごした。その少年時代を『竹ノ内の冬田を歩きまわって石鏃をひろい……村の裏山から当麻寺につづく雑木の丘陵を、毎日のように焦がれ歩いた。』と回想している。天がこのような時空に幼少期の司馬さんを置いてくれたことは日本人にとって僥倖であったと思わざるを得ない。司馬さんの感動する風景の基準を作ったのは幼少年期を過ごした竹ノ内の景色であると次のように書いている。『無数の風景を見るにつれ、ごく心理的な意味で―無意識のことだろうが―自分が感動する風景に基準のようなものがあることに気づく。…要するに奈良県北葛城郡当麻町竹ノ内の景色なのである。…こう書いていても涙腺に痛みを覚えるほどに懐かしい。』（街道をゆく夜話）。『兵隊ゆきの日がせまっていた昭和18年の（まあどうせ死ぬだろうと思っていた）ころ、竹内へ上るべくこの長尾の在所まで行き着いたとき、仰ぐと葛城山の山麓は裳裾をふくらませたように古墳状の丘陵がむくむくと幾重にもかさなりあい、空間を大きく占める葛城の本体こそ青々しくはあったが、そのスカートを飾る丘々がさまざまの落葉樹でいろづいていて、声を飲むような美しさであるようにおもえた。』（街道をゆく1竹内街道）。

人生における幼児体験の重要さは小児科医にとっては常識であるが、中田力氏は次のように書いている。『自然界に現れる形態はすべて自己形成する。その代表例が雪の結晶である。生体も同じである。生体とはある自己形成の結果出来上がった環境の中で新たな自己形成が始まる。その結果を環境とする次の自己形成が次々と繰り返される。受精から発生の過程がそうであり、生まれてからの経験に基づいた記憶の集合体として作られる心の形成過程もそうである。成長した人間の心の状態は初期の経験に強く依存する。誰もが理解している幼児体験依存性である。』（中田力「穆如清風」）。従って、後の司馬さんの美意識や人間の核を生み育てたのは葛城・金剛なのである。司馬さんは兵隊から帰り、終戦後すぐに昭和21年から6年間京都で新聞記者をしていた。担当は大学と宗教であった。のちに『この時期を私の経歴のなかから削りとるとしたら、こんにちの私の精神像はおろか作家としてさえ存在していなかったかもしれない』と書いている。（司馬遼太郎の街道Ⅱ）。幼児体験を核に独特の自己形成がなされ、さらにそれを核にしてよき人と会い、次々に大きく美しい司馬遼太郎という人間の結晶が形成されていったということになる。竹ノ内街道から分岐して河内への道がもう一つある。平石峠を通り高貴寺へ抜ける道である。街道をゆくシリーズで日本の多くの風景を見てきた司馬さんは「残したい日本」というアンケートで上記の竹ノ内街道はもちろんであるが、京都の花脊峠を含む、４つの峠のうちの一つに河内・大和の境いの高貴寺と平石峠を挙げている（司馬遼太郎　街道をゆく夜話・朝日文庫）。このように、山の周辺にも目の肥えた司馬さんのお墨付きの場所を多く有している。

金剛山の頂上付近には多くのブナの大木が保護区のように残されていて、新緑や紅葉の時などいつの季節も心が安らぐ。原生林の自然の姿はいろんな種類の巨木が共存して生えているもののようである。明治期以降日本はそのような森を急速に失ったのだという（清和研二「多種共存の森」）。聞くところによると金剛山の植林は300年も前から始まっているそうである。樹木に興味のある私は植林以前の葛城・金剛山の森の様子がどんなであっただろうかと興味があるが、おそらくそのような植生の記録など古文書にもないのではなかろうか。歴史・宗教などに精通した知の巨人である司馬さんは現実をよりリアルに夢想できたであろう。我々が今、山歩きを楽しむ葛城・金剛山も昔は修験者の聖域だったという。『中世では葛城山・金剛山というこの山脈（やまなみ）は山伏たちの駆けまわる聖地であった。南北朝のころ鎌倉幕府に対して孤軍よく戦った楠木正成の戦力のなかにはこの葛城・金剛の山伏たちも入っていたにちがいない。』（街道をゆく3　河内みち）。こんな文章に触れると、巨木を神とあがめ大切に守りつつ、祈りながら聖域を駆け巡った白装束の修験者の姿が思い浮かんでくる。金剛・葛城はその山裾から頂上に至る山塊に、有史以来深い歴史に生起した人々の情念の歴史を質・量ともに日本でも最も多く刻み込んでいる。この点、日本百名山の中に入れてもいいぐらいであろうが、深田久弥の選んだ日本百名山の基準での千五百メートル以上に満たないのである。

山にも格があり、垢ぬけて明るい六甲に比べ、葛城・金剛は歴史の光陰が沈殿していて感覚的に重厚で陰翳を帯び、山を歩いていても幾分神妙に畏まざる得ない雰囲気がある。ひょっとしたら情念や地霊のようなものが残っているのかもしれない。『国語は情緒を培う。美しいものへの感動を得るには、自然や芸術に親しむことも大事だが、それだけは不十分である。美しい詩歌、漢詩、自然を謳歌した文学に触れることでさらに美への感受性が高まる。』（藤原正彦「祖国とは国語」）ということであり、有史に書かれた詩や文学や史実が私どもの葛城・金剛への思いをさらに高めてくれているに違いない。大阪は葛城・金剛を擁していることを、もっと誇らしく思うべきなのである。

残念なことであるが、点検で運休になっていた村営の金剛山ロープウェイは経営上の問題で運営を断念することになったという（2021年2月19日　読売新聞）。今後、金剛山は誰もが自分の足で登らねばならなくなった。だからと言って、今後も観光ドライブウェイなど金剛山には決してできてほしくはないし似合わない。六甲山とは違うのである。古代からの歴史と情念をそのまま保持しながらずっと存在してほしい。できることなら植林の中に広葉樹を増やしていって、多種共存の森の山にしてほしい。危機的な環境問題の反省から生物多様性回復の気運が高まる中、樹木が育つ百年単位という長期的スケールで見ればその方が将来的にも価値がますます高くなるに違いないと思うからである。

（大阪小児科医会会報　2021年7月号掲載）

山歩きの楽しみ

今となっては昔ラジオでよく聞いた昭和の中年男の悲哀をベースに世事を語る「小沢昭一的こころ」の語り口が懐かしい。その小沢昭一氏が著書の「背中まるめて」の中で『高齢化社会がきて人生ふた山時代になる。長生きするともう一山超えなければならない。今ある宗教も哲学も…格言すらもみんな人生一山時代の産物だから、あんまり役に立たない。それぞれの工夫と覚悟でイバラのふた山目を超えなければならない。』という蘊蓄を述べている。私の一山目は家庭と小児血液腫瘍分野の社会的責務で日曜日もなかったが、精一杯やったのでそれなりに充実していた。55歳でセミリタイアしてからふた山目の人生課題は一山目の価値基準や他人の評価から離れ、残りの人生を楽しく生きるというものだった。日曜日は山歩きをする時間が出来た。山歩きは私の人生スタイルがそうであったようにこつこつ努力することに価値を見出す私の性に合っているのであろう。それまでの囲碁や読書に加え、いつの間にか山歩きがメインの趣味になった。そしてもう17年が経過した。お世話になった先輩やよく読んだ作家の訃報も目にするようになり、自分の終着駅も視界に入ってくる歳になった。

最近、多趣味は死亡リスクを減らすというコホート研究の結果が東京医科歯科大学藤原武男教授から発表された（読売新聞２０２1年6月17日）。65歳以上約5万人を6年間にわたり追跡調査した結果、ゴルフ、音楽、絵画など25項目の趣味のうち6つ以上の趣味を持つ者の死亡リスクは趣味のない者に比べ０・61だったという。また、趣味のタイプ別でみると、「身体を動かす趣味」と「誰かと一緒に行う趣味」が特に死亡に予防的に働くことが明らかになったということである。この結果について「多様な趣味があると、いろいろな人と出会い、さまざまな刺激が脳に入ってくる、その影響もある」と推測している。私は酒も好きで趣味の数が多いほうがいいからといってアルコールもその数に入れるのは邪道とは思うが本人にとっては楽しみの増幅材にはなるのは確かである。

趣味の数だけではなく、山もただ山を歩くだけではなく工夫でその中に多くの喜びを付加することができる。私が樹木を好きになったのはやはり山歩きをするようになってからだろう。木の名前を憶えると風景がなじんだものになる。ニュージーランドの森を歩いた時、知らない木ばっかりだったので日本の山のようなやさしさを感じることができなかった。それぞれの土壌や風土に合った木が育ちそれらが複合して日本の山の風景を作り出しているのである。山歩きと言っても本当は森を歩くのが好きなのである。だからピークを目指す山登りではなく山歩きである。気に入った同じルートを何度でも歩いても飽きることはない。季節により、天気により変化を楽しむことができる。自然と季節を切り離すことはできない。自然に親しむことは季節を感じ味わうことである。ある草木染め作家の言葉であるが、四季の移ろいを分かることは身体のリズムが正常なことなのだという。

山歩きは慣れてくると一人の山歩きがさらに心楽しくなる。山歩きを始めたころ、すべて自己責任で歩いている単独行者の姿を見て「かっこいいな」と思った。今では女性の一人歩きも多くなった。ＧＰＳの発達で安心度が増しているからであろうが、やはり一人歩きの楽しさがわかってくるからであろう。歳を取ってくると自分と同じ価値を持つ人との付き合いの方が気楽になる。だから最もいいのは自分自身と旅することである。その楽しみを知らない人からみれば孤独に思われるかもしれないが一人の山歩きは楽しいものである。「一人居て喜ばば、二人と思うべし」という言葉もある。確かに一人でいて一人でないという境地は最高である。渓流の音、鳥の声、ヒグラシの鳴き声など様々な刺激で私の脳はご機嫌になる。山で吹かれる心地よい風はクーラーとは比べようがない。物理的には植物の蒸散の総和によるものであろうが気分的には樹木の持つ純粋な魂を集め吹き来る風のようなさわやかさがある。渓流沿いの山道を頭の上でヒグラシが連れだって鳴くのを聞きながら歩くのは気持ちがいい。気分的にはバッハの「主よ、人の望みの喜びよ」が教会の天上から響いてくるかのようであり、日本的に言えば浄土にいるかのようである。私にとってはコンサートホールや美術館に行くのと同等以上の価値がある。コロナと酷暑のこの夏はむしろ山へ逃げ込むという感じであった。世俗時間では考えの中心は損得勘定になる。これに対して山歩きは聖の時間・聖の空間である。比叡山の阿闍梨の千日回峰はその究極のものかもしれない。ただし、私の山歩きはそのような精神修養が目的ではなく、単に楽しいからである。ものごとは楽しくなければ続かないものである。結果として健康や精神安寧の褒美をもらえたらありがたいとは思うが――。ヒグラシに出会う期間も限られている。限りのあるものの中に美しさが宿っている。青春や人生もそうである。一人で歩いてルートが頭の中にゲットされると黄葉や椿やヒグラシの季節・場所の情報とともに手帳に記録されそのまま自分の財産になる。さらに一人いて心楽しいことは「街にいて山を想い、山にいて人を想う」ということであろう。山には人を想わせる仕掛けがあるような気がする。「氷壁」や「孤高の人」などの有名な山岳小説も山で恋人を想うような構成になっている。

山では昼の弁当も楽しみである。カップ麺も家で食べたらわびしいが、腹をすかし、汗をかいてひと息ついて見晴らしのいいところで食べたら高級料理の気分である。インターネットで山からでも日本や外国の碁仇たちに囲碁の着手を送ることもできる時代にいることをありがたいと思う。そして昼ごはん時に山でワインを飲むのが楽しみである。山では白ではなく赤ワインがいい。アメリカ人を山に連れて行き、ワインを出したら「civilized!」と言った。ある時、山ガールと展望台のテーブルで昼の弁当を食べるのが一緒になった時、私の山でのワインを「おしゃれ!」と言われて喜んだことがある。普段服装も行動もおしゃれとは関係のない生活を送ってきた私にはうれしい誉め言葉だった。友人にスマホで写真とともに山でのワイン付きの昼ごはんのメッセージを送ると「かつてヘルマン・ヘッセの本に、休みの日に、パンとワインを山にもっていってお昼をとるという場面があり、あこがれたことがあります。」という返事をもらった。ヘッセは好きで、学生時代友人と競うようによく読んだが私にはその文章の記憶がない。でももう一度読み直してその場所を探す気力はない。ただそのようなことをスーッと教えてくれる友人に感謝するばかりである。ヘルマン・ヘッセは「人間を英知へと導く方法は自然のものに目をみはり、自然の発する言葉に耳を傾けることだ。」というように自然が好きだったようである。自然の中でワインを楽しんだことはうなずける話である。昼食の最後はスマホの中にある好きな音楽を聴きながら、簡易のドリップコーヒーである。このような昼食を楽しみに山に来ているのではないかと思うようなところがある。山の帰りに温泉に入り、ビールを飲めば芳醇な一日となる。趣味はそれぞれ独立したものではなく自分自身の中ではつながりあっている。エッセーも趣味に入るかはわからないが、前回六甲賛歌や葛城・金剛山礼讃を書いて山への思いがシャープに固定化されますますこれらの山が好きになった。ラブレターのような効用があるのかもしれない。同じような感覚を司馬遼太郎さんが書いているのを見つけてうれしくなったことがある。「街道をゆく」シリーズで「アイルランド紀行」を書きあげたあと、当地を案内してくれた恩人に書いたお礼の手紙である。『小生はもともとアイルランドが好きでした。……文章を書くというのは面白いものですね。書くことによって、アイルランドを愛するという以上に、理解することができました。』（司馬遼太郎の街道Ⅲ）。「物を知るには、これを愛さなければならない。物を愛するには、これを知らなければならない。」とは哲学者・西田幾多郎の名言である。山はただ存在するのみである。こちらの心の在り方一つで、自然はさまざまな姿を見せ、自然のはかり知れない奥深さを見せてくれる。岩石・バードウォッチング・写真・トレイルラン・野の花等に興味を持っている人もいる。それぞれの人が趣味を総動員して私の知らない山からの楽しみをもらっているに違いない。

ソローは「自然の中で暮らし、自分の五感をしっかりと失わない人間は憂鬱症に取りつかれることはなく、四季を友として生きるかぎり、人生を重荷と感じることはない」と書いている。自然と対話する山歩きは心の平衡を保つのにいいばかりでなく、身体の健康にもいいことは言うまでもない。しかもゴルフのようにはお金はかからない。内科の診療をするようになって人の行く末をじかに見させてもらうことで真剣に日ごろの運動習慣の大事さを自覚するようになった。山歩きが出来ることは腰や膝に感謝しなければならないが、医学の教える生理学の基本原理は「使わないとあらゆる機能は退化する」である。だからロコモティブ・シンドロームの講演で聞いた「貯金より貯筋することが健康寿命を伸ばす」とか「早期から継続的にやる必要がある」に共感するこの頃である。自分の実践を通して日常の診療では同じ言葉をまねして伝えている。

この頃かわいらしいファッションに身を包んだ山ガールが増えて山も華やかになってきた。彼女らのはつらつとした若さには及ぶべくもないが、我々に勝るものがあるとしたら、それは終着駅が視界に入り、残った時間を自覚するが故に自然が身に染みてより美しく感じられることであろうか。司馬遼太郎さんも「年をとると不易なものに安堵を覚えるようになりますね。自然が身にしみて美しいと思えるようになるとともに世々に生きた人たちに人としての魅力を一入感ずるようになります」と書いている。四季を映す自然の多さは日本の財産である。このような自然に恵まれた日本に感謝している。

いつの日か足腰を病み、あるいは心肺機能が衰え自然の中を歩けなく日が来るであろうが、今思えば、私にとって55歳はセミ・リタイアのちょうどいい適齢期だったのかもしれない。

先日、高名な阪大教授の山での遭難？のニュースにやきもきしたが、同時に私の中では「あのノーベル賞候補の先生も一人の山歩きが趣味だったのか」という発見と近しい気持ちが湧いた。幸いにも無事でよかったが骨折で動けなかったそうである。このように一人歩きの山にはリスクはあるものの、山の楽しみはそれを凌駕する。私にもそのようなことが起こることもあるかもしれないが、気を付けながら身体が許す限りなるべく長く楽しみたいものである。

（大阪小児科医会会報　２０２１年10月号掲載）

平石峠

２０２３年は司馬遼太郎生誕１００年になるということである。その記念の企画としての「好きな司馬作品」アンケートでは「街道をゆく」が４位になっている。私は何度も繰り返し読み、その世界に浸り、飽きることはなかった。司馬さんが書き残してくれていなかったら日本各地の歴史風土の風景はよほど貧相なものであったかもしれない。司馬さんは母親の実家のある竹ノ内で子ども時代を過ごしたが、１００年前、村の子どもたちの行動範囲は隣村まで及ぶことはなかったという。そのころの子どもたちの情報量というものの幼さが村の上方にあるカミの池の話で手に取るように書かれている。『私は真夏にはさんざんこの池で泳いだ。…「海ちゅうのは、デライけ?」…「カミの池よりデライけ」…「デライ。むこうが見えん」というと子供たちは大笑いし、そんなアホな池があるもんけ、と口々にののしり、私は大ウソつきになってしまった』（街道をゆく１　竹内街道）。それから約１００年後の今日、世界は狭くなり、インターネットで情報はたやすく手に入るようになった。しかし、俗悪・虚実入り混じった膨大な情報の海で溺れてしまいそうな今の社会から眺めると、その無垢さ加減がむしろ愛おしくなる。無垢の背後には畏敬や感動の深い世界が広がっていたであろうことを思うからである。

竹内街道から分岐して河内へ抜ける道がもう一つある。上記のカミの池を竹内街道から左へ分岐していく道が平石峠を通り高貴寺へ向かう道である。竹内街道のような幹線道ではない。この道は大阪府教育委員会発行の歴史の道調査報告書『長尾街道・竹内街道』によれば「竹内街道の間道（抜け道）であり、平石嶺道と呼ばれていた。平石嶺道は大正11年には里道から府道へ編入され、現在の704号が旧道とほぼ重なる。鎌倉初期からの平岩氏の居城があり、『太平記』にも記載がある。南北朝の内乱時には、南朝方の拠点として攻防戦の舞台となった」とある。従って今では山歩きにはなじみの深い葛城・金剛の縦走路であるダイヤモンドトレイルと十文字に交わる。司馬遼太郎さんが「残したい日本」というアンケートで、街道として竹内街道を挙げているが、残したい峠として挙げているのは、その街道が大和から河内へ越える竹内峠ではなく平石峠なのである（司馬遼太郎　街道をゆく夜話）。司馬遼太郎さんが残したいと書いてある峠ということで4つの方向から7回ほど訪れたが、平石峠は杉やヒノキの植林に囲まれた何の変哲もないどこにでもある峠である。私はそのことをなぜだろうといつも不思議に思っていた。昭和30年後半から40年代にかけて植林が行われたそうであり、司馬遼太郎さんの子どもの時代は自然林に囲まれていたのかもしれない。私が司馬遼太郎さんの美意識のレベルにた

平石峠

どり着けないのか、あるいは少年期の体験が詩のような美しい思い出として峠に付箋のように埋め込まれているのだろうか。平石峠については著書の中で司馬さんの愛する竹内の風景描写のような文章に出会っていないのでその理由が知りたいのだがもはや尋ねることもできない。

さて竹内峠のことである。そこには司馬遼太郎さんの揮毫で碑が建てられている。

鶯の関趾
我おもふ　こころもつきず　行く春を　越さでもとめよ　鶯の関
康資王母　作　司馬遼太郎　寫

竹内峠の司馬遼太郎さん揮ごうの石碑

その下におそらく司馬さんがこの碑のために書いた自作の文章と思われるが、『ここ竹内峠ほど歴史の余韻が漂う峠は少ない。推古天皇二十一年（六一三）に、難波と京の間におかれた官道は、この峠を越える竹内街道であるといわれる。大陸からの文物がこの道を通って大和の飛鳥にもたらされた。峠の東北にある万歳山城などの中世の城塁址はこのあたりを駆けめぐった大和武士たちの夢を偲ばせる。中・近世には伊勢、長谷参詣が隆盛し、茶屋、旅籠が峠をゆく人々の旅情を慰めた。鶯の関ともよばれたこの峠の風景に多くの文人たちが筆を執り、貞享五年には松尾芭蕉が峠を河内に向っている。幕末、嘉永六年吉田松陰は峠を経て大和の儒者を訪ね、文久三年天誅組の中山忠光等七名が志果たせぬままここに逃走している。明治十年から十五年にかけて峠道は拡幅改修され昭和五十年県道から国道一六六号線に昇格、昭和五十九年国道の改修工事が完成するに至る』とある。簡潔で愛を込めたこの碑文で、司馬さんの竹内峠に対する義理は十分に果たしているように思われる。石碑の直下、遥か10メートル下を車が走っている。碑は訪れる人も少ないのか周りに草が生い茂っていた。私は持っていたストックで草を払い、上記の碑文を読んだが、「詩碑などないほうがよく、あっても草のかげにかくれてめだたないほうがいい」（街道をゆく17　島原・天草の諸道）という文章からすれば司馬さんの思いのままにそれを嘆く必要はないのかもしれない。

この碑について竹ノ内街道資料館学芸員に尋ねると「明治9年国道になったとき、開削工事で元の姿は失われた。1985年さらに10m掘り下げられ完成した（1971年開始）。この完成を記念して当麻町の有志が司馬遼太郎さんに揮毫してもらい石碑を立てた」ということである。当時、地域の人々は通行が便利になったことを喜んだのかもしれない。一方、自分が揮毫した碑が立っている竹内峠を挙げずに平石峠を挙げている司馬さんの気持ちが分かるような文章がある。司馬遼太郎さんは「国しのびの大和路」という小文の中で竹内街道沿いの村に住んでいた少年のころとの変貌を嘆き、次のように書いている。『文明の感覚については、私どもが住む国は未成熟だというほかはない。たれもが大和は人類の宝石だと思いつつ、怪物のような開発のエネルギーにゆだねきってしまっている。私はおそろしくて正視する気になれないが、大和盆地の現状は、もはや宝石の結晶性をうしないつつあるのではないか。』（歴史の世界から　司馬遼太郎）。国家（土木）が人を養うために自然を改変し続けた。高度成長とは裏から見ればそういう時代だった。「街道をゆく」の中でも竹内街道の記述は乗っていた車が止まったということでカミの池で終わっていて、その少し先の竹内峠については書かれていない。「街道をゆく1・竹内街道」が書かれたのが1971年であり、まさにそのころ竹内峠の開削が始まっている。司馬さんの中では面影を失った竹内峠の代役として街道筋の違う隣の平石峠を挙げたのではないだろうか。そう思えた日から私だけが司馬さんの思いを知ったような気がして平石峠は私の聖地になった。俵万智さんのサラダ記念日の短歌をもじった気分で「司馬さんが残したい峠と言ったから平石峠は私の聖地」と一人つぶやくのである。

上野　誠氏は著書「教会と千歳飴」の中で聖地について「日本の多神教は、とめどもなく神が生まれ続ける宗教である。人も山川草木も、神であるわけだから、この日本は神々で満ちあふれる世界なのである。…いかなる土地も聖地になり得ることになる。こういう社会で大切なのは、神仏に対する知識や教養などではない。その場を尊いと思う感性そのものである。尊いと思った瞬間に、いかなる土地も聖地になるのである。日本人にとって巡礼とは、そういう神仏たちを路傍に発見することにあった、と思う。旅先で神聖を感じたところが、その人にとっては、聖地なのである」と書いている。今や映画の撮影場面やアニメの制作場所など聖地巡礼が流行っているようである。自分の心の片隅に、他から侵されない聖域を持つことと同様、外の世界に自分の聖地を持つことは個人の幸福にとってありがたいことである。

平石峠へ向かう道のカミの池を少し過ぎた道沿いの山の南斜面に三ツ塚古墳がある。2002年に南阪奈高速道路が作られた時、発掘調査がなされ詳細な報告書が作られている（葛城の考古学　松田真一　編）。調査から古墳に葬られたのは平城京に勤めた中級官人や当時としては最先端の技術をもつ古墳を作る石工の人々だったことが分かる。石材の産地であった二上山には古代の石切り跡が残っている。従って、古墳近隣の葛城山麓の集落は知識階級を生み続けた人々が代々住んでいた文化の高い地域でもあったのである。遣唐使として渡った人の墓から唐王朝から付与された身分の象徴でもある革製のポシェットも出てきている。私が心惹かれるのは、当麻寺側の尾根で矢じりや埴輪を拾って古代史に目覚めていった少年時代の司馬さんがカミの池近くにあったこの古墳の存在を知らなかっただろうということである。発掘調査は司馬さんが亡くなってしまってからのことである。古墳を訪れたとき、司馬さんがそのことを知っていたら、古墳の主の壮大な物語を書いてくれただろうにと思った。

年に一回ほど訪れる私の聖地・平石峠は、司馬遼太郎さんからの私へのプレゼントだと秘かに思っている。でも私だけではもったいない気もしなくはない。近鉄磐城駅―竹ノ内街道―カミの池―三ッ塚古墳―平石峠―高貴寺―磐船神社―平石城址―近つ飛鳥博物館のコースは、司馬さんを偲びつつ見どころの多いハイキングコースである。有名な山の辺の道にも引けを取らないのではないかと思う。自治体も少し案内板など手を入れて、司馬遼太郎の愛した大和―河内ハイキングコースとかいうキャッチフレーズで宣伝したら司馬遼太郎ファンのみならず一般の人も訪れる人は多いのではないだろうか。勝手に名前を使われるのをどう思うかわからないが、残したい街道・峠という司馬遼太郎さんの意に沿うことではないだろうか。

（大阪小児科医会会報　２０２３年４月号掲載）

椿

　どこかで読んだことであるが、なんでも自信を持って人に勧められるものを心の中に５つ持っていれば人生が楽しくなるということである。友人なら５人の親友、読書好きなら５冊の本、音楽が好きな人なら５つの音楽、映画が好きなら5つの映画等々。そのような中で私にとって好きな花の一番は山歩きで出会う椿である。司馬遼太郎さんも椿が好きだったのだろうか。山登りの苦手な司馬遼太郎さんが取材で息を切らして登った三浦半島の標高１３４ｍの衣笠山で見た椿をさらっと書いている。『椿は、古来三浦半島に群生してきたというから、頼朝のころにも、見られたのではないか。…木々のなかにまじる椿の花が、伊予絣の絣文様のなかのかすかなあかのように、にじんだ風情のうつくしさがあった。』（街道をゆく42　三浦半島記）。同じものを見ても時空を旅する視点から生まれる司馬遼太郎さんの文章は詩のようである。美しい詩歌、漢詩、自然を謳歌した文学に触れることでさらに美への感受性が高まるという。このような文章に会うと椿をますます好きにさせられてしまう。日本原産のこの花は万葉集に椿を詠んだ歌が多いのを見ると日本人は昔から椿が好きだったようである。万葉仮名で都婆伎・都婆吉・椿と表記されているからそのころから呼び名は変わっていないということである。その中で海石榴という字を使っているものがあり、漢語で椿を意味するという。

『漢民族は、自分の文化のみが優越しているという意識を中心にして、他民族を考え、彼らの種族名を漢字にする場合、犭偏とか豸偏とかひどい文字を作った』。少年のころ、司馬遼太郎さんはこういう奇態な文字をかぶされた民族を想像し楽しい夢想の世界にくるまっていたという。(街道をゆく5　モンゴル紀行)

私にとって「紫は灰さすものぞ海石榴市の八十の衢に逢える児や誰」と万葉集で謳われた歌の中の海石榴市ほどロマンに満ちた万葉の世界を思い浮かべさせてくれるものはない。古代の大和川をさかのぼり、初瀬川の終点である海石榴市の船着き場で、帰国する遣隋使の小野妹子に伴われてやってきた隋の使節をたくさんの飾り馬で出迎えたという史実が残っている。『大三輪町金屋は、いまでこそ、わびしい村にすぎないが、古代には北からの山の辺の道、東からの初瀬道、飛鳥からの磐余の道、山田の道、それに西、二上山裾の大坂越からの道がここで一つにあつまって、四通八達、まさに「八十の衢」となっていた。したがって、ここに古代物品交易の市ができ、椿の街路樹を植えて、海石榴市といわれていた。…ここに、春秋の季節に青年男女があつまって、たがいに恋の歌をかけあわせて、結婚の機会をつくる歌垣が行われていた。』(犬養　孝　万葉の旅)という記述からすれば、海石榴市は今の銀座や渋谷のような場所だったと思われる。しかし、私の中にある飾り馬や歌垣など色彩に彩られた海石榴市は今や石碑のみで歴史のかなたに消えてしまっているのである。遣唐使の朝貢品の中に海石榴油六斗という記載を見つけたとき、イメージがシャープになり私は一番好きな椿についてのエッセイを書いてみようという気になった。一斗とは18リットルということであるから六斗は１０８リットルである。遣唐使の持って行く国書と共に、お土産である朝貢品は国の威信がかかっている最も重要なものである。当時の日本の特産物であり、唐の宮廷の女性に喜ばれるものだったに違いない。植物相の違う彼の国で実際の椿の花は見たことはないとしても、油を搾りとるその実が石榴に似ていることから、自国にはない特別なものとして海の向こうから来た石榴という意味の海石榴という漢語を与えたのであろう。ひどい民族名に比べると佳字である。欧米の文明にあこがれる心情は現在も変わらない。当時の万葉の教養人も椿にハイカラなこの漢語を使い和歌を詠み、最もにぎやかなその市の格を上げる意味を込めて、海石榴市とこの文字を使ったのであろう。万葉の時代の人々の現代と変わらぬ舶来崇拝の心が偲ばれ、私のロマンを広げてくれる。

日本原産の椿はCamellia Japonicaと名付けられているが、「釜山港へ帰れ」の歌で　♪椿咲く春なのにあなたは帰らない♪と歌われるように、日本のみならず朝鮮南部にもあり、韓国では冬柏（トンベック）と呼ばれている。ひょっとしたらかの国の人はJaponicaというのが気に食わないかもしれないが…。長崎の五島も椿で有名であるが、司馬遼太郎さんは地理的に五島に近い済州島で椿を見るとともに、土地の人の発音を聞いて椿という日本語の音に似ていると書いている。古代、国境もなく人々が自由に交流していた時代には、文字はなくても同じような発音で呼んでいたのかもしれない。『伊豆大島が椿の島であるように、済州島も古来、全島に椿が茂っている。島の物産として椿油が〝陸地〟へ移出されつづけた歴史も、相当ふるい。…椿は、中国、朝鮮、日本に多い。とくに日本において広く分布しているだけでなく、古代、この材で呪具としての槌がつくられたというから、生活にかかわりがあり、当然、ふるくから名称があったわけで、他言語を借用する必要がない。ツバキという言語の記録としての最古の例は『日本書紀』の「景行記」なのである。…余談になってしまうが、椿の交流ばなしとしては、むしろ日本からヨーロッパに伝わって、大いに珍重されたということのほうがおもしろい。十九世紀のデュマ（子）が恋愛小説の女主人公に〝椿姫〟という異称をあたえ、それが歌劇の題になってひろまった。それほどこの花は、異国情緒というフィルターを通して実力以上にヨーロッパで愛されたのである。椿が日本からヨーロッパにもたらされたのは、十六世紀だったという。持ち帰ったのは、イエズス会士のJ・カメルス（Camellus）という人で、多少の疑問はあるが、カメーリア（椿）ということばは、この人の名からきているといわれる。』（司馬遼太郎　街道をゆく28　耽羅紀行）。

ドイツの友人も椿が好きで、寺院や野山を案内したときに椿を楽しんでくれた。そしてサザンカをsazanka-camelliaと言っていたことが頭に残り、サザンカも椿の仲間だったと気づかされた。佐々木高明氏の「照葉樹林文化論とは何か」によれば、植物学的に見てサザンカやツバキと同じ仲間の茶樹は、それ自身が照葉樹林の下生えの一部をなす植物であり、その樹葉を茶にして飲む文化があるという。茶の木もツバキ類なのである。中国では椿類を茶花というそうである。我々が言う草木の名は、すべて日本人の間だけに通用する日本名なのである。日本名のことを植物学では和名と称してきた。（本田正次　植物学のおもしろさ）。日本人は春を告げる花として美的感覚で見、中国では茶・薬用という実用的な目で見ているともいえる。万葉人は椿に長寿・神聖を重ねて見ていたともいう。「巨勢山のつらつら椿つらつらに見つつ偲はな巨勢の春野を」万葉集のこの調子のいいリズム感のある歌は、持統天皇への神聖樹「つばき」になぞらえての頌歌という風に見えてくる（寺井泰明　植物の和名・漢名と伝統文化）。このようにものは同じに見えるわけではない。他の人はどうかわからないが、私はシンプルな原種のヤブ椿がいちばん好きである。筒状に咲くヤブ椿の花はしとやかな乙女のイメージと結びついている。若いころに聞いた、若い娘の恋心を歌った都はるみの「あんこ椿」や「琵琶湖周航歌」の♪雄松が里の　乙女子（おとめご）は　赤い椿の　森蔭に　はかない恋に　泣くとかや♪

などに影響されているのかもしれない。椿姫のオペラは一番人気のあるものらしい。私はオペラ全体を見たことはなく、知っているのはコンサートで聴く「乾杯の歌」や「花から花へ」のオペラ歌謡だけである。歌劇、椿姫の女性は高級娼婦ということで私にはヤブ椿の乙女のイメージとは合わない。西洋の椿姫のオペラの挿絵やポスターに描かれている花は、バラのような大振りで八重の花である。歌劇の椿姫のような妖艶な女性には、西洋人好みの大きく花びらも多いゴージャスなバラのような椿が似合ってい る。中国では椿姫のオペラのポスターは茶花女ということらしい。字面から浮かぶ私のイメージは、田舎の茶摘みのおばさんになってしまう。人間は違う風土に生き、文化の土壌が違い、個人の体験の違いをもとにイメージを作る。言葉や文字は伝達手段だというが、自分自身が思っていることは自分だけのものであり、実際の微妙な点では本当には分かりあえないのではないだろうか。椿一つをとってもこのようなことを思わせてくれる。逆に、それが人間社会の面白さだと思えば嘆く必要はないのかもしれない。

椿の花の絨毯（六甲山）

3月の山ではヤブ椿に出会う。六甲山へ上る五助道はほとんど人が通らない道であるが、一面森のようになったヤブ椿があり、花が落ちて赤い絨毯になっていることがある。そんなときは私だけのために絨毯をひいてくれたことに感謝しつつ、心楽しい気持ちで通り過ぎる。椿が終われば桜である。椿は桜と同様、日本人の美意識や心情を作ってきた花だと思う。あと何回季節の巡りを見ることができるかわからないが、今はただ日本の自然に感謝するのみである。

（大阪小児科医会会報　２０２２年４月号掲載）

ねむの木

だいぶ前の事、三重大学の教授が主催する学会が合歓の郷であったが、私は「ねむのさと」と読むことを知らなかった。教授より年齢は上だったから、いい歳をして無知だったということになる。今でも一般には読みが難しいのか、名称が合歓の郷からNEMU RESORTに代わっている。この方が現代的でハイカラな感じがする。読み方ばかりでなく合歓という本来の意味も知るはずもなかった。司馬遼太郎さんによれば『合歓の木は、日当たりのいい湿地を好んで自生する。ゆうがたになると葉と葉をあわせて閉じ、睡眠運動をする。このため日本語では眠《ねぶ》または眠の木と言い、漢語ではその連想がもっと色っぽい。合歓という。合歓とは、男女が共寝をすることである』（街道をゆく29　秋田散歩）。万葉集には三首に合歓木の名が登場し、「昼は咲き　夜は恋ひ寝る　合歓木の花…」と詠んでいて共寝に掛けているという（万葉植物文化誌　木下武司）。日本にねむの木は昔からあり、漢語の意味する知識が万葉時代の歌人には常識として共有されていたということになる。取材の旅で司馬遼太郎さんは象潟を訪れて、そこで句を詠んだ芭蕉を偲んでいる。司馬さんによれば、江戸期に松島と並んで美景とされた象潟は、芭蕉の「象潟や雨に西施が合歓の花」の一句によって不滅になったという。『芭蕉は、この象潟にきて、合歓の花を見たらしい。しかし芭蕉のこの季節は、ねむの木が花をつけるところで、花は羽毛に似、白に淡く紅をふくんで、薄命の美女をおもわせる。つかのまの合歓がかえって薄命を予感させるために、花はおぼろげなほどにうつくしいのである。芭蕉は、象潟というどこか悲しみを感じさせる水景に、西施の凄絶なうつくしさと愁いを思い、それにねぶの色に託しつつ、合歓という漢語をつかい、歴史をうごかしたエロティシズムを表現した』（街道をゆく29　秋田散歩）。

私は西施のことも知らなかったし、以下のような詳しい解説なしでは深い意味を分かるはずもない。『句は地名、美女名、植物名の三つを列挙しただけであって、この組み合わせが何を意味するか理解できる人はそう多くはないであろう。』『…西施は中国春秋時代の越出身で、知らぬ人はないほどの絶世の美女であったといわれる。呉・越は紛争が絶えなかったが、越が呉との戦いで敗れた後、西施は呉王夫差に献げられることになった。それは西施の美貌で呉王を篭絡し、呉国を弱体化するための越王句践の陰謀であった。結果として越王の謀略は見事に成功したのであった…』（木下武司　万葉植物文化誌）。芭蕉の中ではすべての古典が体に入っていて、それらを背景に句が出てくるのであろう。『最初詠まれた句は「象潟の雨や西施が合歓の花」というものであったという』（芭蕉の風景　小澤　實）。芭蕉は旅から帰ってからもフィクションも入れ、俳句に関しても最後の最後まで改作を続け、奥の細道を芸術作品に昇華させていったと書いている（英文収録　おくのほそ道　ドナルド・キーン訳）。人の幸せとは、自分を理解してくれる人がいることである。芭蕉にとって、後世、愛好家や司馬遼太郎さんのようなよき理解者を持てたことは人として幸せなことであった。我々はその解説を聞いて改めて芭蕉や俳句の意味を理解することになる。

私にとって刷毛が重なったような淡いピンクの花を咲かすねむの木は、西施や共寝のイメージとは違い、

「ねむの木の子守歌」の語感や「ねむの木のこどもたちとまり子美術展」で見た心洗われる美しい絵画と結びついていて、安らぎ・柔らかさ・穏やかさ・子ども・純粋・無垢・幸せを思い起こさせる。十数年前、人に連れられてねむの木学園を訪ねたことがある。そこで宮城まり子さんにお会いした。骨折の後だったのか車いすに乗って迎えてもらった。その時、私は宮城まり子さんのことを表面的にしか知らなかった。一昨年（2020年）新聞で訃報の記事を見た後、偶然というか、古本屋で宮城まり子さんの著書「淳之介さんのこと」が目に飛び込んで来た。今のネット社会では不倫と騒がれるだろうが、生涯私生活のパートナーとなった芥川賞作家の吉行淳之介氏との出会いから死別までの出来事を尊敬と愛の思いで綴っている。それはそのまま自分自身の自伝にもなっている。女優として自分が小児まひの役を演じたことから障害児の学校を建てたいと思っていたという。ねむの木学園という名前は吉行淳之介氏が選んで名付けてくれたそうである。そして資金の援助はなくても、いつも守ってくれているという贈り物をもらったのだと書いている。ねむの木学園の活動は日本のみならず世界中の人々に感動を与え、称賛されたことはよく知られている。子どもたちへの宮城まり子さんの愛情が彼らの感性を引き出したと思われる。本を読み、はっきり言えることはパートナーの存在があってはじめてねむの木学園ができ、発展したのであって、宮城まり子さん一人だけでは決してできなかっただろうということである。一方、吉行淳之介氏も作家仲間からは「作者の青春が復活した」と評されたように、自分でも文章にうるおいが戻ったことを感じながら多くの作品を書いたという。私自身それまでは食わず嫌いで氏の小説を読んだこともなかった。本で氏が芥川賞の知らせを結核療養中のベッドの上で聞いたというのを知った。そのことはそのころの母と私の時空に重なり、それまで気にも留めていなかった作家を近くに感じた。氏が芥川賞をもらった同じころに、3歳になったばかりの私を残して母は結核で亡くなっている。36歳であった。私の誕生日の翌日が母の命日であり、セットとして母の死は常に私の意識の中にあった。そしてそれはその後の私の人生の芯を貫く出来事となった。宮城まり子さんは肝臓がんで亡くなったパートナーを看取り、思いを結晶化するように吉行淳之介文学館も建て、「淳之介さんのこと」という本も刊行している。司馬遼太郎さんは『恋愛というものを古典的に定義すれば、両性がたがいのなかにもっとも理想的な異性を見出しその次元の欲情をそれなりの芸術的諧律にまで高めつづける精神の作用をいう…とでもいうほかはない』（歴史の中の邂逅7）と書いている。二人の関係はこの文章の典型例のようにも思える。囲碁、将棋でも一手一手の意味を分かりあう相手がいて、その応手の中で名局が出来上がるのである。まさに異なった才能ある者同士が尊敬と愛の中で火花を散らすように昇華して、出来上がったのがねむの木学園であったという気がした。しかし、お会いした時の肩の力の抜けたリラックスした雰囲気から想像すれば、二人が時代を超越したサルトルばりの高邁な思想の下でパートナーシップを組み、それぞれが使命に燃えて必死でやったというよりは、田辺聖子さんが「正しいことを信条にしたらあかん。どうせ、でけへん、そんな高尚なこと。たのしいことをしたらよろしい」と言ったように、ねむの木学園も単に恋や人生を楽しんだ結果だったということかもしれない。いずれにしろ、お互い

家族写真（筆者を抱く母は約２年後に結核で死去）

に敬い、分かり合える人を持つことはどんなに大事であろうか。しかし、司馬さんが『現代というものは人間が人間を尊敬せずとも済むという思想もしくは機能を含んでいるようである。…人間が人間を尊敬するというこの奇妙な精神は人間の生存のために塩と同様重要なものだ』（司馬遼太郎　街道をゆく夜話）と指摘しているが、誹謗・中傷のあふれたネット社会はその悪しき傾向をさらに加速している。新聞記事で見たことであるが、俳優の高倉健がインタビューで、「あなたへ」という映画の撮影のあとの感想を次のように述べている。「人のことを思うとか、人に思われるということが生きていくうえで一番大事なことなんじゃないか。撮影しながらそんなことを考えましたね」。瀬戸内寂聴さんは「１００冊の本を読むよりも一度の真剣な恋愛の方が、はるかに人間の心を、人生を豊かにします」と言っている。俳優・女優は、その役になり切って真剣に演じながら、一般の人よりはるかに多くの人生を生きて来ているのである。寂聴さん流に言えば数百数千冊の本に相当する。小説家にしてもしかりである。その経験から語られる言葉は非常に重く思える。高校生のころ、数学・物理の点数に最大の価値を見ていた理系の私は、俳優やアイドル歌手などという存在をただ容姿に恵まれた者の虚業として軽くにしか見ていなかった。今はむしろ哲学者の書いた恋愛論よりもシンプルで心に響く気がする。高校生のころの稚い精神遍歴を否定する気持ちはないが、私もそれらを受け止めるまでに年を重ねたのである。私の心に書き留めるべき言葉を残してくれた上記の人々も近年みんな亡くなってしまった。

ねむの木学園を訪れた頃、樹木に興味を持っていなかったし、ねむの木も知らなかった。今度NEMU RESORTに行くことがあったら、きっとねむの木がたくさんはえているのか確かめに周りを歩き回るに違いない。「夜は恋ひ寝る　ねむの花」と、心地よい詩句を誦しながら。

（大阪小児科医会会報　２０２２年７月号掲載）

シャクナゲ

獲得免疫系がウイルスなど他者を認識するには一度感作されることが必要である。幼児が周りの大人に教えてもらい、認知の幅を広げていくように、我々も審美眼も含め、すべての物事の見方はどこかで教えてもらっているのであって、勝手に一人で判るというものではないようである。コンサートに行っても耳になじんだ曲の方が楽しめるし、絵画にしても抽象画やモディリアーニのデフォルメした絵なども美が既に先人に発見されているのである。このように我々がものを判ったり、楽しむには何かしらのものが一度脳に定着してくれる必要がある。脳における感作と言っていいのかもしれない。司馬遼太郎さんによると、個人や民族が美に気づくのも文化交流によってもたらされるという。『長安の詩人たちの西域好きというのは「唐詩選」によって我々に遺伝されている。日本が国家をあげて中国文化を受容したのは中国における唐の時代で、唐文化がそのまま日本に凍結され、長安の詩情は、今の中国人以上に日本人にうけつがれている』（西域をゆく　井上靖・司馬遼太郎）。正倉院にシルクロードを経てきたその文化の精粋が大切に保管され、毎年展覧会が開かれているのも日本人の記憶維持に役立っているのかもしれない。文化大革命の最中、中国で学校教育を受けた人の話を聞いたことがある。文革そのものが文字通り、文化に対する革命であり（実体は文革に名を借りた権力闘争であったが）、唐詩や西域の教育などあるはずもなく、日本人の持つロマンに満ちた西域も、中国人にとっては辺境の一部という認識しかないそうである。どちらの認識が正しく、幸福かは別にしても、日本人は教育という感作により、幻想かもしれないが中国人とはかけ離れた認識を持っているのかもしれない。同様なことが蝶についてもいえる。蝶など古代においては人々の身近に一杯飛び回っていたと思われるが、『万葉人が蝶を詠まず、蝶が点在する風景も詠まなかったというのは、即断はできないとしても、当時の日本人が蝶についての関心を薄くしか持っていなかったことをあらわしているように思える。…我々が身辺の何が美しいかということを思うのは、その民族が発見するよりも、他のすぐれた文化によって、衝撃とともに教えこまされるという場合が多い。…当初主として漢詩からその美的刺激を受けたために、蝶という平安期の文学に活躍するこの生物は文学の世界にのみとどまり、蝶が造形の世界に登場するのは、安土桃山時代からだとよくいわれる。ついには家紋にまでなるこの生物の造形的おもしろさは、やはり桃山期の南蛮美術の渡来によって刺激されたもののように思われる』（歴史の世界から　司馬遼太郎）。

さてシャクナゲのことである。三千株が植えられているという室生寺で、シャクナゲが五重塔を背景にしてピンクの花を咲かせている美しい風景写真には誰しも旅情を誘われてしまう。しかし、万葉集にはつつじを詠んだ歌が9首あるがシャクナゲを詠んだ歌はないそうである（万葉植物文化誌　木下武司）。当時の歌人がシャクナゲに関心が薄かったというより、おそらく万葉の歌人たちはシャクナゲを目にしたことはなく、知らなかったのではなかろうか。本来、自生のシャクナゲは標高８００ｍ～１０００ｍあたりに咲く深山の花である。当時の歌人たちにとっては原生の山など道もなければ危険で恐ろしい場所であったであろうから近づくことなど考えもしなかったにちがいない。岩山の栄養分に乏しく、他の樹木をよせつけないような厳しい環境がシャクナゲには有利なのか、シャクナゲがそれを好むのか私は知らない。私は大峰山・大台ケ原・京都北山・滋賀の比良山系で見たが、よく行く六甲山や金剛山は深山には当てはまらないのか、自生しているシャクナゲを見たことがない。六甲山系の石楠花山と名前がついている山にさえ実際には生えていないのであるから六甲山全体にもないのであろう。ある意味では山の好きな者にとっても貴重な花であり、高嶺の花である。それゆえに、手の届かない女性を「あの人は高嶺の花だ」というのもこの花から来ているのだというが、うなずける話である。

シャクナゲ（比良山）

司馬遼太郎さんはシャクナゲについて以下のような文章を残している。『大悲山峰定寺は古来山伏の行場だったから、峰にも谷にも、よくなめした濃緑の皮革のような葉をもつ石楠花の灌木が、あちこちに群落している。修験道というのはこの高山植物を好む。石楠花の自生する山には霊気があるという伝承がその世界にあるらしい』（街道をゆく4　洛北諸道）。大峰山のガイドブックに載っている写真を見たことがあるが、石楠花の咲いている崖沿いの山道を白装束の修験者が過ぎていく風景は、司馬遼太郎さんの文章を読んでいるといかにも似つかわしくしっくりしている。
若き日の詩人井上靖はシャクナゲの咲いている写真を見て、美しい詩を書いている。「北国」という詩集の中に比良のシャクナゲという題でおさめられている。

比良のシャクナゲ　井上　靖

『むかし「写真画報」という雑誌で比良のシャクナゲの写真をみたことがある。そこははるか眼下に鏡のような湖面の一部が望まれる比良山系の頂きで、あの香り高く白い高山植物の群落が、その急峻な斜面を美しくおおっていた。その写真を見た時、私はいつか自分が、人の世の生活の疲労と悲しみをリュックいっぱいに詰め、まなかいに立つ比良の稜線を仰ぎながら、湖畔の小さい軽便鉄道にゆられ、この美しい山巓の一角に辿りつく日があるであろうことを、ひそかに心に期して疑わなかった。絶望と孤独の日、必ずや自分はこの山に登るであろうと。それからおそらく十年になるだろうが、私はいまだに比良のシャクナゲを知らない。忘れていたわけではない。年々歳々、その高い峯の白い花を瞼に描く機会は私に多くなっている。ただあの比良の峯の頂き、香り高い花の群落のもとで、星に顔を向けて眠る己が睡りを想うと、その時の自分の姿の持つ、幸とか不幸とかに無縁な、ひたすらなる悲しみのようなものに触れると、なぜか、下界のいかなる絶望も、いかなる孤独も、なお猥雑なくだらぬものに思えてくるのであった。』

比良の堂満岳の肩から右に連なる尾根はシャクナゲの群生地であり、シャクナゲ尾根と呼ばれている。学生時代この尾根沿いの崖に腰かけて、吹きあがってくる風に吹かれながら琵琶湖を眺めていた思い出がある。しかし、そのころ樹木への興味もなく、シャクナゲがあったかについても全く覚えがない。比良山は大阪からは比較的遠い。なぜ比良山に登ったのかは覚えていない。そのころ今では廃止されたリフトがあり、苦労もせずに行けたのもあるかもしれないが、鹿児島の田舎から出てきて、友人も恋人もいないころ、青年特有の孤独を詰め込んで登ったかと思われる。その後、この詩を知ってから5回ほど比良山に登った。5月の連休のころ、シャクナゲの花咲くトンネルをゆく気分は形容しがたい。下に琵琶湖を望む場所であり、おそらく詩になった写真はその当たりのものだろうと思われる。私はこの詩ゆえにシャクナゲの美しさを教え込まれているに違いない。おかげで5月になるとシャクナゲを見に登って行きたくなる。今年は行けなかったが、行けなくてもいつでも思い浮かべることができる。滋賀県の県花はシャクナゲである。ひょっとしたらこの詩が郷土の自慢の花として、県花の選定に影響を与えたのではないかとさえ思えるがどうだろうか。

シャクナゲは明治以降園芸種が楽しまれるようになったそうであり、深山に行かなくても見ることはできる。いつも訪れる長居植物園でもシャクナゲ園という一角に30種８００株の西洋シャクナゲが植えられている。しかし、その美しい園芸種のシャクナゲを若き日の詩人が見たとしても、詩は生まれなかったのではないだろうか。比良のシャクナゲでなければ詩は生まれなかったであろう。シャクナゲの花だけでは詩にならず、写真に写り込んだ琵琶湖や大峰山の岩山や修験者、五重塔の背景が意味を作る。脳の神経細胞の繋がりの中から意識や心が生じるように、意味は関係性の中にあるともいえる。さらに言えば、多くの関係性の中からどういう意味を見出すかは個人にかかっている。関係性の中に美しいイメージや真実を見出し、言語化し表現できる人を詩人というのかもしれない。高山に咲くシャクナゲの、聖と俗なる「人の世の生活の疲労と悲しみをリュックいっぱいに詰める」という対比のなかで詩が成立している。聖と俗・生と死・明と暗・善と悪など、何でも対立する二項の間に真実があるように思える。聖だけではつまらない。俗だけでもつまらない。私どもは、詩は書けないが詩を楽しむことはできる。音楽を演奏することはできないが聴いて楽しむことはできる。同じように自然が作り出した新緑や紅葉の美しさを楽しむことはできる。山にいてそう思うことがある。楽しむことができることは人間にだけに与えられた実にありがたい恩寵であり、そのことに感謝しながら今を生きるしかない。

私は同じ「北国」という詩集の中にある「流星」の詩が好きだった。その美しい詩をここに載せる余裕はないが、学生時分その詩情にたっぷりと浸った思いがある。詩のみならず、詩人の感性で書かれた「敦煌」「天平の甍」「氷壁」「おろしや国酔夢譚」等の多くの小説を若いころ好んでよく読んだ。井上靖氏が亡くなった時の葬儀委員長が司馬遼太郎さんであった。司馬さんもその5年後に急逝している。旅に出て、出会う美しい景色の記憶はその人だけの個人的な幸福に属する。今回シャクナゲの思索から漂っていく旅の中で、昔読んだ本のいくつかを読み返す機会をもらった。その中で、私が最も好きだった二人の作家の関係が、詩そのもののような透き通った風景として立ち現れたことは、旅に出て出会う美しい景色のそれと同じようなもののような気がした。それがこのエッセイを書いた最大の褒美でもあったのかもしれない。

（大阪小児科医会会報　２０２２年10月号掲載）

アジサイ

　6月の梅雨の時分はアジサイの季節である。私がよく訪れる長居植物園や、神戸の森林植物園ではあじさい祭りと称して多くの人を集めている。矢田寺など梅雨時の古寺に彩りを添えるため、観光の目玉にもなるところも多くなった。『万葉集にも謳われているこの花は日本原産であり、それを世界に知らしめたのはシーボルトであり、愛人のお滝さんに由来するHydrangea Otaksaという学名をつけて発表したということはよく知られている』（万葉植物文化誌　木下武司）。『16－19世紀のはじめまでヨーロッパは博物学の冒険時代だった。あたかも大航海時代、航海家たちがあたらしい陸地を発見して拍手されたのと似ている』（街道をゆく35　オランダ紀行　司馬遼太郎）。その博物学が最高の学問・科学であった時代にシーボルトもいた。アジサイばかりでなく、多くの日本の動植物や当時未知の国であった日本を本にして西洋社会に知らしめ、名声を博している。そればかりではなく、医学を通じて蘭学を広めたシーボルトの果たした役割を司馬遼太郎さんは高く評価している。そればかりではなく、『それまでの漢方医学は中国の歴史と同様古代にどっぷりと居座ったままで近代がなかった。物を確かに物と見るという精神にとぼしく、一個の観念論的哲学を通して見るため西洋医学とはまったく思想体系も異にしていた』（「胡蝶の夢」　司馬遼太郎）。日本にとって蘭学とは事実を直視し、探求する科学との出会いであった。それを司馬遼太郎さんは暗箱から差し込む光にたとえた。そして、それは日本人の意識の変容を通して明治維新へのエネルギーになっていく。日本の医学史を書くことで、西欧風の現実直視の思考法が歴史を切り裂いてゆくのを見た司馬遼太郎さんは『日本の歴史上の最大の客人はシーボルトだったんじゃないかと思いますね』(司馬遼太郎の日本史探訪)とまで述べている。日本における西洋医学の発展史をマクロ的に見れば次のようになる。『シーボルトから医術の破片を学んだ先人たちの学問や技術が、その後正式に医学教師として招聘されたポンペの医学校の修業者の進出によってたちまち旧式化する。そのポンペ学校の修業者の医学も、明治二年のドイツ医学の導入によって一挙に過去のものになってしまう』(司馬遼太郎　歴史の世界から)。そのドイツ医学も戦後アメリカ医学に取って代わられる。私は小児血液・腫瘍分野の臨床の現役を引退して20年近くになるが、当時のパイオニア的治療も今や一般的になった。新たな免疫治療も出てきている。ミクロの目で見ても、最新の講演を聞きながら、私もまた周回遅れの過去の中にいることを実感する。医学は常に発展途上なのである。その歴史を思えば、今は延々と続くその大きな流れの中に医学の徒として存在しえたことを幸いに思うだけである。

現在のようにプラスチックや化学工業製品などない時代、『人は身の回りの植物に依存して生きてきた。それぞれの民族にはそれぞれの、植物に寄り添った文化の伝統がある。植物を食べ、植物によって病を癒し、植物で住居や道具を作り、植物を着て、植物の美しさに癒され、また、愛でてきた』(植物の和名・漢名と伝統文化　寺井泰明)。植物は医薬品（本草）として重要であった。従って「本草学は本来医学の学問であった」(司馬遼太郎街道をゆく16　叡山の諸道）のである。このことからすれば、シーボルトの植物に対する熱意も単に新種を発見し世間で学問的な名声を得る為ばかりでなく、医者でもあるがゆえに植物の持つ医薬品や原材料の可能性にその目的があったのではないだろうか。木下武司著の万葉植物文化誌によれば『万葉植物の大半は薬用・食用・工芸用などなんらかの実用的価値のあることがわかる』という。薬学博士でもある著者の目から見れば、『春の野にスミレを摘んだ山部赤人は、持病の薬を集めていた』ということである。居酒屋で「刺身のツマ」に青じその代わりに出されたアジサイを食べたことにより、食中毒の症状が出たという記事を新聞で読んだことがある。アジサイも、薬用に関係する何らかの生体作用を持っていたのであろうか。著者に尋ねたところ、アジサイの実用的側面は万葉時代、上流階級の人たちの観賞用であったということであった。植物学も医学や科学の発展史と同様、変わっていくのは同様である。本草学から新種発見競争の時代を経てダーウィンの進化論の後、植物種の分化・進化の系統を明らかにする方向に変わっていく。ダーウィンの前に亡くなっていたシーボルトは進化論を知るはずもなかったのである。だからと言ってその価値が下がるわけでもない。ともかくシーボルト以来、西洋で愛され改良された園芸種の西洋アジサイが今日本のあちこちで愛され、人々の目を楽しませている。しかし、日本人よりもアジサイを最も愛したのはHydrangea Otaksaと名前まで付けたシーボルトであったかもしれない。シーボルト事件で日本を追放された後、オランダで見るアジサイは日本や日本人の妻子を偲ぶのに役立ったに違いない。私は、日本から持ち帰ったトチの実から大きく育った「シーボルトのトチの木」を見るためにライデン大学の植物園を訪れたことがある（大阪小児科医会会誌　トチの木の物語　２０１４年）。そのとき、花の季節ではなかったが、シーボルトの銅像はアジサイで囲まれていた。故人の思いをおもんばかり、後世の人が植えたのであろう。あるいは遺言だったのかもしれない。

さて、私にとってのアジサイのことである。山で見るヤブツバキのように特に好きというわけではないが、梅雨のころにはあじさい祭りの宣伝に誘われてよく訪れることがある。しかし個人的には、観賞というよりメンタルな面でずいぶんお世話になっているのである。

○○○○○／男たらしが／あじさいの／花陰に来て／いつまで泣くぞ／

これは中学時代、国語の教師のY先生が授業中に教えてくれた短歌である。思春期の感じやすい時期にはこのような詩に、校舎の裏庭に咲いていたアジサイの後ろにたたずむ乙女の情景を思い浮かべ、キュンと反応するものである。学んだはずの教科書の数多くの文字たちが跡形もなく消え失せているのに、60年も経ってもこの言葉の文字だけが形をとどめている。でも初句の○○○○○が何だったかは覚えがない。初句は何だったのだろうか。訊ねるべき先生はもうとっくにいない。あの時のクラス仲間は誰か覚えているだろうか。黒髪の／うらわかき　／名にし負う　／名も高き　／おさげ結う　／人も知る　／匂い立つ　／おさげ髪　／等々禅の公案のようにいろんな五文字の初句を入れ込み、歌をそらんじて60年が過ぎた。そのたびにそのころの中学校にいた高嶺の花のマドンナや、おさげ髪の女生徒などの顔が浮かんできて、私をその時代に引き戻してくれるのである。有名な人の短歌なのか、素人の同人誌に乗っていた歌なのか、国語の先生の自作の歌だったのか私は知らない。ネットでアジサイの入った短歌を探して見てみるが出てこない。だから多分、有名な歌人の短歌ではないのであろう。いい歌なのか専門家に聞いてみたい気がするが、私の中では、初句を探して反芻するうちに流行歌のメロディーのようにこびりついていて、愁いを含んだアジサイとの取り合わせにぴったりの、青春の香りに満ちた短歌であるように思えるのである。60年を経て、みんな私と同じだけ歳を重ねているだろうが、私の中では当時のセーラー服姿の女生徒のままである。司馬遼太郎さんはコドモの部分を持ち続けることの大切さを次のように書いている。『人間はいくつになっても、精神のなかに豊かなコドモを胎蔵していなければならない。でなければ、精神のなかになんの楽しみもうまれないはずである。いい音楽を聴いて感動するのはじぶんのなかのオトナの部分ではなく、コドモの部分である。…恋をするのも、他者に偉大さを感

コアジサイが山腹を黄色に染める山道をゆく
（高島トレイル）

コアジサイの黄葉の美しい有馬への道（六甲山）

ずるのもコドモの部分である。…人は終生、その精神のなかにコドモを持ち続けている。ただし、よほど大切に育てないと、年配になって消えてしまう』(風塵抄)。いずれにしても、初句を欠いた短歌ゆえに、60年間私のコドモの部分に刺激を与え続けてくれたのである。

一方、山歩きをするようになってから同じアジサイでも山に自生するコアジサイを知り、それが好きになった。街で見かけることはない。山では半日陰に生え、花も葉も平素は目立たない地味な落葉低木であるが、秋になると主役になる。山道や山腹を一面黄色で染める美しさは山の秋の風景の基調を作り出している。私はアジサイの花よりもこのコアジサイの作る黄葉の風景を愛していて、毎年秋には山歩きの楽しみを倍増してもらっている。心身ともにアジサイに感謝である。

(大阪小児科医会会報　2023年7月号掲載)

ケヤキ

先日友人と55年前の学生時代の旅をたどる旅をした。同じ風景に接したはずなのに記憶にないものもあり、それぞれの心に残っていた風景は違っていた。私の一番の目的は、北大植物園のあのハルニレの樹に再会することであった（大阪小児科医会誌２０２０年　樹木への旅　ニレ）。55年を経て幹に手を触れ当時を偲んだ。樹は更に55年の風雪を蓄積し、年輪の分だけ幹を太くしたかもしれないが私たちは55年の月日を過ごし樹とは反対に背丈は縮んでいた。ニレの都といわれる札幌の街で、その木々たちに負けることなく大通り公園の真ん中に植えられていたケヤキの大木が両側の道に届かんばかりに大きく枝を広げていた。エルガーの「威風堂々」の音楽を聴く思いがした。ケヤキは堂々の樹形を保ち、箒状に広がった美しい樹形は遠くからみてもそれと判る。春の新緑も秋の紅葉も葉を落とした冬の樹形も美しい。昔からケヤキは好まれていたのであろう。ケヤキは古名で槻と呼ばれていて、万葉集にも7首あり古事記にも記載がある（木下武史　万葉植物文化誌）。ヤマト朝廷ができる頃、槻の大木のもとに祭政空間が設けられ、この木への信奉が国家建設の原点だったという（日本古代学者・辰巳和弘）。槻の木の広場は、神聖で清められた場所と認識され、誓約やそれに伴う饗宴などが繰り返し行われた。日本書紀には大化の改新のきっかけとなった中大兄皇子と中臣鎌足が蹴鞠を通じて出会ったことや、7世紀後半には東北地方の蝦夷や南九州の隼人らを招いた供宴が行われたことが記されている。用明天皇が宮と定めた磐余池辺双槻宮や斉明天皇が多武峰に築かせた両槻宮など、槻の木の存在を思わせる宮の名前が付けられている。このことからすれば、巨樹を触るほどに国家と人々の距離が近かったということであり、美しく堂々としたケヤキは古代においては近代の教会や荘厳な建築物と同様、権威の後ろ盾と同じ役目があったのだろうと思われる。

冬に行われる関東地方の実業団駅伝の中継を見ていて大空を背景に遠くに箒のように枝を広げた木が映っていると、あれはケヤキだなと思う。ケヤキは広々とした平地の空間を引き締め風景を作る樹である。そして大木になる樹である。関東の武蔵野にケヤキの大木が多く残るのは、徳川幕府が橋脚、船材、建材として推奨したことからよく植えられたという。清水寺の舞台も樹齢数百年のケヤキ139本が使われていると新聞で読んだことがある。さらに風よけの屋敷林として植えられ今でも残されている。屋敷のケヤキの大木は家の格を上げるのに役立ったようである。松や桜と同様、ケヤキが日本の風景に合うのかそれが日本の風景を作っているのか分からないが、小さいころから見続けてなじんだ風景は美意識として自己と同化してしまうのではないだろうか。文学的に表現すれば『風景というものは、永い年月、いろんな人から眺められ形容せられ、謂わば、人間の眼で舐められ軟化し、人間に飼われてなついてしまって…』（太宰治　津軽）ということになる。味覚は郷愁であるというように、視覚もまた遺伝子のエピジェネテックスに関与しているに違いない。日本の心や文化と山河は切り離すことはできないものである。平素、恩恵を受けている風景を意識することはないが、極限の状況下では意識される。生還を期すことのない出征に際し、若者たちがなんのために死ぬのかという自問をした中で、自分にその死の意味を『自分を育ててくれた故郷の山河、父母や弟妹、万葉集や芭蕉や蕪村、桂離宮や飛騨の合掌部落、それらを生んだ風土や歴史。自分の死によってそれらなつかしいものを守ることができる…』と言い聞かせたという（戦艦大和の最後、それから千秋耿一郎）。郷土の山河や風土とはその人に刻まれた風景なのである。その典型的な日本の風景をケヤキは作ってきた。高度成長期、東京の都市開発で人間の都合でケヤキの木が次々に切られていく時代があった。人々の心に染み付いた風景や愛着を作ったケヤキの大木が切られることはケヤキを愛する人たちには自分の身を切られる思いだったであろう。井上靖はそのことを憂いて「欅の木」という本を書いている。それは社会への作者の切実な発言だという。本の中で作者は一人の老人に語らせている。『大陸に来て自分は初めて日本の自然を美しいと思った。大陸には欅に似た木はない。欅の木は日本だけのものかもしれないと思う。』書かれたのは、昭和45年　作者は63歳、私は20歳で医学部2回生であった。当時の私は樹木に興味のなかったので70歳を超えるまでこの本のことは知らなかった。エコロジーの時代になった今日、社会の樹木に対する気持ちはだいぶ変わってきたかもしれない。

大木ではなくても、若木が立ち並ぶケヤキの並木道は、芽吹きの春も葉を落とした冬も、美しくすがすがしいものである。私の勤める保育園の前の街路樹にはケヤキの木が植えられているが、ケヤキは電線にかからぬように芯を止められ、毎年秋になると落ち葉が落ちる前に枝を刈り取られる。木にとっては虐待みたいなものであろう。樹形は本来のケヤキとは似ても似つかぬこぶだらけの痛々しい木になっている。コブから生えた枝葉の姿はザンバラ髪のおよそすがすがしいケヤキの姿ではない。何年か前、千葉で台風後に倒木による停電が長引き、樹木が悪者にされてしまったことがある。昔と比べ、年々強大になってきた最近の台風の下では家の格を上げた大木も家屋には脅威になっているかもしれない。条件が変われば価値も変わるということである。街路樹には街路樹としての役割があり、広場に植えられてその木の持つ遺伝子に従い、自由に堂々とした本来のケヤキの姿を期待するのは間違いであろうが、美意識を育てるのが大事であることを思えば、子どもたちには小さいころから美しい樹形の本物のケヤキを見てほしいなと思う。ただし、街自慢のケヤキ通りを有する仙台・金沢で見たケヤキは上記のような扱いはされていなかった。美しい樹木や巨樹に触れながら育つということは、子どもにとって幸せなことである。樹木は時間を旅してきた。人の短い人生をはるかに超える年月に対する畏敬の念や、堂々たる威厳を自然に体得できるからである。また一方、保育園の前の街路樹のケヤキを見ていると、子どもの育ちも人が手を加えすぎると、本来持っているいい素質を阻害することになってしまうことを教えられる思いがする。

ケヤキ並木（中之島公園）

上記の井上靖のように、作家というものは本質を観る目が鋭く、それゆえに樹に対しても心から愛する度合いが大きいのかもしれない。いろんな宗教の背後にある親神である大自然の力を感得した作家の芹沢光治郎は、90歳の最晩年に書いた「神の微笑」という本の中で、樹木でも多年心をそそげば、話しあえるようになるという、老欅と対話した不思議な経験を書いている。司馬遼太郎さんも『日本人は自然への美意識が敏感だっただけでなく、山や川や大きな樹木に古代以来霊魂を感じ続けてきた』(司馬遼太郎が考えたこと12)。そして『いま日本中の樹霊が泣いているような気がする。…神道という名もなかった日本の固有信仰というものは杜をあがめることであった。…私はいわゆる神道に何の関心もないが、しかし人間の暮らしから樹霊の連り添いと樹霊への崇敬の心をうしなったときに、人間の精神がいかに荒涼としてくるかをうすうす気づいていて、おびえるような気持でいる。』(歴史の世界から　樹霊について)と書いている。現代の人間は自然から離れてしまったが、古代の人のように樹霊を感じながら生きる方が幸せに違いない。一方現代科学は、動物とは違う道を進化してきた植物の持つ感受性を明らかにしている。植物展の解説・説明書きには次のように記されていた。『植物の五感：植物は光合成のおかげで動く必要がなくなったが、日々変化する周囲の環境を敏感に感じとるための様々な感覚を必要としている。動物のような眼や耳、鼻と言った感覚器官はもたないが、個々の細胞や身体全体が、光を感じる視覚、音や振動を感じる聴覚・触覚、化学物質を感じとる嗅覚・味覚をはじめとして、温度、重力、時間感覚などをもち、敏感に環境変化を感じ取ることができ、その感覚は人間に匹敵するものも多い』。植物の発するフィトンチィドや根元の地下の化学物質を通して、植物同士のコミュニケーションもあるそうである。樹霊を文学や人間の想像力の中のことと、単純にかたづけるわけにはいかないかもしれない。私は近郊で有名な野間の大ケヤキを見に行った。人の寿命とは違うスケールで何百年も時間を旅してきた大木を見上げると、生命力に包み込まれるような感じで気持ちが落ち着く。またサイクリングで訪れたという塩見先生に教えられて、菅山寺の大ケヤキも見に行ったことがある。湖北の山中にある菅山寺は、奈良時代以来の由緒ある

野間の大ケヤキ（大阪・能勢町）

古刹である。今でいうなら有名大学に比せられる場所であり、当時は最先端の学問としての仏典を優秀な学生たちが学んでいたであろうが、今は衰退し無住の寺になっている。若き日の菅原道真もこの寺にいた。この寺の山門の左右には、菅原道真の御手植えと伝えられる樹齢千余年のケヤキがそびえていることが有名であった。私が訪れたとき、右側のケヤキが山門の外側に向って倒れていた。大阪の関空が水浸しになった２０１８年の台風21号の強風で倒れたのだという。寺を守る里人は、嘆き悲しむより樹が天寿を全うしたのだと思ったそうである。そう思える里人たちも樹霊とともに生きてきたのであろう。樹に人格を与えるならば、一休禅師の「拝借申すこの命お返し申す今月今日」や良寛の「災難に逢う時節には災難に逢うがよく候　死ぬ時節には死ぬがよく候」の言葉と同じ禅僧の精神を体現しているように思える。現代版で医師の鎌田實氏は、ＰＰＨ（ピンピンヒラリ）という言葉を造語して、従来からいわれているＰＰＫ（ピンピンコロリ）でコロリと逝くよりは、老いの中で平素から自らソロ立ちをし、時が来れば「ヒラリ」と自分でこの世からあの世へ舞えるくらいの強い意志を持って生きることを勧めている（ちょうどいい孤独　鎌田實）。そうありたいものだと思う。

（大阪小児科医会会報　２０２３年10月号掲載）

樹木葬

故郷の山（桜島）

昨年（２０２３年）の秋、故郷・鹿児島の墓じまいをした。私の終活の一環でもある。シラス台地を段々に切り開いた墓地は正面に鹿児島の街と錦江湾を挟み、桜島を眺められる見晴らしのいい特等席のようなところであった。子どものころから、そして故郷を出てからも帰郷の度に墓地への坂道を幾度登ってきただろうか。父親と一緒に墓参りに行った時、つづら折りの坂道をぜーぜーと息を切らして登っていった父親の姿を不思議と克明に覚えている。あれが一緒に行った最後であった。高台の墓は見晴らしの良い代わりに歳をとると行くことが大変になるのである。跡を継ぐ者がいないとか、遠く離れてしまったとか同じような人がいるのだろうか、周りには多くの墓じまいの跡があった。全国的にも無縁墓が放置され、増え続けていて問題化しているそうである。

何時かは無縁墓になるのを自分の代で片づけたということになる。つい最近まで、多くはその土地で生まれ、その土地で死んでいく時代であった。そのような中では墓を守るのが家を継ぐ者の最大の使命であり、さらには立派な墓を作ることが一族の誉れでもあった。その逆をすることへの申し訳なさもあったが、時代は変わっていく。関係する親族が集まってくれて、法要を行い、心を込めて墓じまいをする中で、感謝の念が沸き起こったことがせめてもの気休めになった。

一本松のある岩テラス（六甲山）

墓のない人生を、儚い人生と掛けて墓地の販売を促進する宣伝がある。生駒山の縦走路は大規模に開発された霊園墓地の傍らを通っている。そこを歩いていると、日本人のみならず朝鮮半島から日本に来て骨をうずめた人々の墓が多くみられ、済州島〇〇などと出自の出身地まで彫ってあるのが妙に印象に残っている。生物学者のドーキンス博士によれば、生物の行動原理は自分の遺伝子を残すことであるが、人間の場合、自分の作品、仕事、自分の名、いうなれば自分の存在したことの証も残したいと願っているという。古来より、人間の自然な感情として墓はその役目を果たしてきたのかもしれない。でも私は墓はいらない。樹木葬でいいと思っている。山歩きを大いに楽しませてもらった。駅のコンコースの売店で淡路屋の六甲山縦走弁当を買い、気に入った場所でお昼にお湯割りの焼酎と一緒に楽しむのがまた山の別の楽しみでもある。山歩きの後の温泉も含め、すべてが一セットになったのが私の山歩きである。気に入った場所はいくつかあるが、その中でも街と海を見晴らせるテーブル状に突き出した岩山が一番好きである。そこに一本の松が生えている。養分のない岩根に根を張り風雪に耐え、100年ぐらいの樹齢だろうか、あまり大きく育っているわけではないが開けた空間の中に独立していて一本松として存在感がある。その根元に砂粒ほどの小さな骨のかけらを埋めてもらうだけでいい。木の傍らで弁当を食べながら、将来はここに眠っているのだなと思うとなぜか安心感に包まれ落ち着くのである。樹木葬も新聞の宣伝広告を見ているとビジネスになっているような気分もしなくはない。山歩きの中で私の抱く樹木葬のイメージとは少し違う。万物は一体で、人間も万能ではなく自然に抱かれているというものの考え方が私は好きである。それぞれが自分に合う死生観を持ち、その人なりの安心を得て、いい具合に生きればいいのである。

最近（2021年）立花隆氏が亡くなった。以前『樹木葬（墓をつくらず遺骨を埋葬し樹木を墓標とする自然葬）あたりがいい。生命の大いなる環の中に入っていく感じがいいじゃないですか。』ということが著書「知の旅は終わらない」に書かれているのを読んだことがあったが、家族葬の後、希望どおり樹木葬で葬られたことを訃報の新聞記事で知った。私の好きな作家であるだけに私の樹木葬への思いを一層強くさせてもらった気がした。

立花隆氏はまさに知の巨人であり、「宇宙からの帰還」「サル学の現在」「精神と物質」「臨死体験」など興味深くワクワクしてよく読んだ。ものを書くにはその100倍の情報をインプットしなければならないというのが作家の持論で猛烈な勉強家だったという。私も高校時代に数回受けたことを思いだすが、旺文社の全国大学模擬試験で一番を取ったという。そのような秀才の頭脳をベースに、行動的であらゆることに興味を向け人類の知の総体へのあくなき関心を持ち続けた人だった。その成果を結論的に『「永遠の生命なんてない。」「絶対の真理なんてものはない。」ということを信条箇条の第一に置けば、それから、多くのことが導けます。』『宗教とか思想というものは、ある時代の誰かが頭の中でこしらえて、頭の中からひねり出した一連の命題です。』と教えてくれている（立花隆著　知の旅は終わらない）。山の静かな風景の中に入るといると彼の本の言葉が心にすんなり入ってくる。そして自然に抱かれ、自然に従い静かに生きれば、人間がひねくりだした宗教も思想も不要なのではないかという気持ちにさえなってくる。もっと若いころ彼の言説に出会いたかったなとも思う。学生時代、文化大革命の余波を受け、毛沢東に影響を受けた左翼運動家の語る思想に対し、受験勉強以外何も考えもしなかった私は当時劣等感の中にいた。今考えれば彼らも絶対視の中で表面的で本当には何も分かっていなかったはずなのである。毛沢東や現在の独裁者も自分では確固たるイデオロギーに裏打ちされた

瞑想に最適な雌池のほとり（六甲山）

と思っているだろうが、それはある時代の誰かが頭の中でこしらえて、ひねり出したものに乗っかっているだけなのである。司馬遼太郎さんも以下のようにいう。『イデオロギーの時代というものは一時代をすぎればおこりが落ちてしまう。』（胡蝶の夢）。『二流もしくは三流の人物（皇帝）に絶対的権力をもたせるのが専制国家である。その人物が英雄的自己肥大の妄想をもつとき何人といえどもそれにブレーキをかけることができない。制度上の制御装置をもたないのである。』（坂の上の雲）。まさに今日の世界情勢を見たかのように書き残している。時代が変わっても人間は本質的に変わらないということかもしれない。『人間が何千年という長い時間の中で、よりよく生きるために、また死の恐怖から逃れるために、必死に考えてきたことの結晶が哲学と宗教の歴史であった。』（哲学と宗教全史　出口治男）というように私は、個人の心の安寧や精神的支柱の役割を果たす宗教の意義を否定しないが、一方では『神の存在を考え出した人間が神に支配されるようになり—といってもそれを利用したのは外ならぬ支配者であったが—』（哲学と宗教全史　出口治男）ということも起こっている。司馬さんは「神仏が存在するから信じるのではなく信じるから存在するのである」（司馬遼太郎歴史の中の邂逅7）という清沢満之の言葉を教えてくれている。宗教の絡む紛争や現在のイスラエル・パレスチナ紛争をみても当事者はまた別の見方を持っているだろうが、宗教も思想も個人の範囲を超えると人智で解決できないことばかりである。人間の精神史は進化していないとしか思えない。

立花隆氏は臨死についても深く研究し「臨死体験は脳内現象である。」と明確に教えてくれている。脳死や臨死体験など死についての真剣な思索を行った作家が、自分自身もがんになり、たどり着いた結論が樹木葬であった。私はそのような深い思索を経たわけではなく、単純に山歩きと樹木が好きだから樹木葬がいいなと思っているだけである。樹木葬にたどり着く山頂への道は一つではない。それぞれの道をゆけばいいのである。終末期の医療でＡＣＰ（Advance Care Planning）として、本人を主体に、家族や近しい人、医療・ケアチームが、繰り返し話し合いを行い、本人による意思決定を支援する取り組みがある。ＡＰＣのように本人も早くから表明しておかねば希望通りにならないし、残された者も決めかねる。個人的な思いとして、とことん医療と樹木葬とは親和性が低い。終末期というわけではないが、私の樹木葬のessayも死後も含めたＡＰＣみたいなものである。

立花隆氏は残された10万冊の本もすべて売り払えと遺言したという。売り払う前の立花隆の書棚を写真に収めた写真家の薈田《わいだ》純一氏は「知識を吸い尽くされた残骸」と表現していた。知の巨人の魂を紡いだ幾万の書籍の糸もほどけてちりぢりに散らばり空になる。まさに五蘊皆空である。これも樹木葬にも連なる立花隆氏の一貫した思想であるに違いない。

司馬遼太郎さんは『私は幸いこの世に生きている。生きていることが幸せなのではなく、よき人に接しうることが至福だとおもっている。』（司馬遼太郎　司馬遼太郎が考えたこと11）と書いている。私も好きな作家の本と出会い読書を楽しませてもらった。そしていい人々と出会い、囲碁・山歩き・お酒・温泉・映画を楽しんできた。なによりも医学を学んだことは幸福であった。医学に限らず知識はバラバラなものではなくて、一つの知識から、次の知識へとつながっていくものなのである。それらの総和として、樹木の下で眠る希望は自分の歩んできた人生の延長でもある。

（大阪小児科医会会報　２０２４年４月号掲載）

川のある風景

大阪の市街地でまとまった緑地としては大阪城公園、長居植物園と大川沿いがあげられる。江戸期の大名屋敷が多く残され歴史的好条件を持った東京に比べ、緑の少ない大阪はその点で格が落ちると言われても仕方がない。「青葉城恋唄」で杜の都と歌われた仙台はそれだけで街のイメージが上がった感がある。先進国の主要都市では市街地の真ん中に緑を増やし、「森」をつくるのがトレンドになっているという。緑化は都市の風景の荒廃を修復するだけでなく、人心の荒廃を防ぎ、防犯効果を高める側面がある。司馬遼太郎さんはすでに45年も前に樹木の大切さを「日本人は古来、杜を神聖な場所として大切にしてきた。神社の境内は樹木でうずめ、鬱然たる杜をつくり、杜に神が天降りするという信仰を継承してきた。…人間の心を安らかにするのは樹木しかない。」と書いている（街道をゆく9　信州佐久平みち）。大阪駅の北側にうめきた公園と名付けられる大きな緑地公園が来年（2025年）出来あがることになっているそうである。植えられた木々がしっかりと土をつかみ、人手を離れ、それぞれが独立した木として大きく育ち、深々とした森を見ることのできるのは数十年先であろうから私は初期のころだけしか見ることはできないだろうが、これから先の大阪の為にはうれしいことである。

私の山歩きの主な目的は森の中を歩くことであるが、その中でも私が好むのは渓流沿いの山道である。自然林が多く渓流の音にも澄み切った渓流の流れにも心が癒される。天気が悪かったり山に行く時間がなかったりすれば近くの大川沿いを歩く。大川は旧淀川と呼ばれ、新淀川が開削される以前本来はこちらが本流であった。大川にかかっている源八橋の説明板には「橋がつけられる昭和11年までは渡しが唯一の交通手段であった。右岸は与力などの役宅が並び、左岸はのどかな農村地帯であったという。梅や桜の名所であり渡しは大変賑わったという。…『源八をわたりてうめのあるじかな　蕪村』」とある。また天満橋近くの説明板には「三十石船は八軒家と京・伏見の間、約45kmを上り1日下り半日で運行し、江戸時代を通して貨客輸送の中心を占めた」とある。江戸時代の大川は人々の賑わいと美しい風景があったであろうことは容易に想像される。この説明板のある八軒屋の船着き場から維新前夜、英傑と言われていた十五代将軍徳川慶喜が夜陰に紛れ、味方を置き去りにして大阪城から大阪湾にいる開陽丸に逃げたという史実がある。この後、歴史は大きく転回する。多くの歴史を蔵する大川はものを思うに不足はない。それとは別に、洪水などの水害が深刻だったらしい。河川管理の対策として、現在の毛馬の水門の改修が完成したのは昭和49年という。私の大学卒業の年であり、私にとってはただそれだけで親しみがわく。大川にかかる源八橋を歩数ではかってみると、川幅は80mぐらいである。水深は2～3mで、毛馬の水門が海抜5mであり、大阪湾まで13kmあまりを川岸いっぱいにゆったりと流れている。旅行で見たセーヌ川、ラインやドナウなどのヨーロッパの平原をゆったり流れる河に似て、水の流れに豊かさを感じる。河川敷のある川や浅い川、川幅のない川はそういう感じはしないだろう。魚影がみられたらもっと豊かな感じがするだろうが、大川で釣り糸を垂れている人に聞くと大きな鯉が釣れるのだという。釣った鯉はまたリリースするという。その他ジョギングする人も多く、市民にいろんな楽しみを与えてくれている。大学のボート部の細長いボートがスイスイと穏やかな水面を走っている。いかにも都会派の若者が青春を謳歌しているという感じである。桜や山河の風景に美のみならず人生を感じるのは日本人の習性かあるいは普遍的に年齢がそうさせるのか分からない。田舎から出てきた私は入学した頃そんなハイカラなクラブがあることも知らなかったし知ったとしても当時の自分には縁遠いものと感じただろう。ちなみに私が入ったクラブは体力的にハードではない医学部の山岳会と謡曲のクラブだった。卒後選んだ小児血液・腫瘍の専門分野や現在の職場もそのクラブの人間関係の中から生じている。その中で敬愛する恩師・先輩や同僚、そして友人や子ども達とも出会ってきた。私自身は出会った人の総和であるという。人とのつながりでできている

医学部中之島山岳会の仲間と

大川（旧淀川）

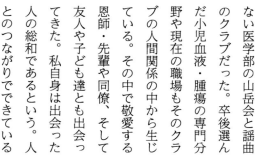

人生を思えばボート部のようなクラブに入っていたらまた別の違った人生だっただろうなと思う。今までの人生を否定するわけではないが、人が過去の人生の分岐点を振り返り、あったかもしれない別の人生を思い浮かべる時、そこには幾ばくかの悔悟や感傷が含まれる。おそらく誰でも完璧な人生なんてないからである。でもほかの道をたどったとしても、幸福だったかはわからない。違ったパートナーと出会い、違った子どもたちが生まれる。一つの組み合わせが違ったものになれば、その違いは次々と外に波紋のように広く波及してゆく。

敬愛する小児血液腫瘍の恩師と先輩
（辻野儀一先生（左）河敬世先生（中央）と筆者）

小児血液腫瘍の同僚
（筆者と細井先生（中央）池宮先生（右））

アマゾン川の1匹の蝶の羽ばたきが、巡り巡ってアメリカ・テキサス州のハリケーンの原因となりうるかもしれないという例えのように、初期条件の僅かな違いにより偶然に導かれた因果関係は「バタフライエフェクト」として、NHKで放映される歴史的な映像と哀愁を帯びた美しい音楽と相俟って広く認知されるようになった。しかし、この社会では名もない平凡な人間一人ひとりが知らないうちに蝶の羽ばたきの役目を果たしていると考えられなくもない。この世はありえたかもしれないシャボン玉が、空気の分子のように人々の回りに満ち満ちているようなものである。そして今ある人生は無限の可能性の中でたった一度きりである。人生は無常であると仏教哲学は教える。自己流に解釈すれば、無数の偶然の何乗もの掛け算でできている偶然性の一般解の表現型が、無常なのかもしれない。自分の過去を思う時、小説の中に出てきた妙に心惹かれた文章が沸き上がるように浮かんでくる。「人は、変えられるのは未来だけだと思い込んでいる。だけど、実際は、未来は常に過去を変えているんです。変えられるともいえるし、変わってしまうともいえる」（平野啓一郎　マチネの終わりに）。個人の現在が過去を常に変容させているという視点は新鮮であり、自分の幼い頃の母の死を思えば確かにそのような気がする。悲しみもまた豊かさなのである。作家の有吉珠絵氏は過去にとらわれ悩む人に「過去は、今を生きやすいように自由に解釈すればいいというだけ。解釈によって過去の意味合いが変わり、解放されることもある」と言う。過去への思いも気持ちの余裕と歳月が必要である。歳を重ねる意味はそこにあるのかもしれない。

歳をとると朝早く目が覚める。その対策に、ある時から寝る時間を一時間ほど遅らせるために夜、大川沿いを歩くことにした。夜見る大川は黒い河であった。黒さは過去から続く多くの人々の情念を溶かし込んだ色に似ているかのようでもあり、街の明かりが水面に揺らめき、それがますます河の黒さを強調している。川にかかった鉄橋を窓の光を連ねて電車が渡る。夜汽車は少年のころのノスタルジーを惹起する。私はそのような光景を美しく思い、黒い河を見るのが好きになり季節を問わず毎晩のように散歩するようになった。黒い河を見ていると心が落ち着くが、その静かな喜びは森の中を歩く時に働く神経回路と同じような気がする。黒い河には空海の詩句が最もふさわしい。「生まれ生まれ生まれ生まれて生の始めに暗く、死に死に死に死んで死の終りに冥し」（秘蔵法鑰）。自分はどこから生まれ、どこへ死んでいくのか、生まれるとは何か、死とは何かという一大事を、人はなおざりにして何も考えずに人生をおくっている。方丈記にも「不知、生まれ死ぬる人、何方より来りて、何方へか去る」とある。画家のゴーギャンも晩年「我々はどこから来たのか　我々は何者か　我々はどこへ行くのか」という命題の絵を描いている。世の東西を問わず、人は歳をとったら誰にも答えられない問いを自問する。人はやがて死ぬことを意識して生きている。しかし人間を一瞬にひねりつぶすことのできる宇宙も、幾多の情報を一瞬に処理するＡＩも、そのことを意識はしない。死を意識する、そこに人間の尊厳があるのだという。自問し、教化のために詩句を作り、絵を描いた先賢達もみんな、今を愛おしみ生きようといい聞かせることに答えを収束させていったであろう。それ以外にいい答えがあろうはずがない。未来が過去を変えるという小説家・平野啓一郎氏の言葉を勝手に演繹すれば、死という未来からから見ると、過去たる現在は一瞬一瞬が木漏れ日のきらめくような美しさにあふれている時間の連続であり、そのことに気づき、「時よ止まれ」と言うほどに今を愛お

夜の大川（旧淀川）

しみ生きることによって価値あるものに変容するといってもいいのかもしれない。逆説的であるが死は生を豊かにするものなのである。夜の大川は方丈記の心地よい一節を心で誦しながら、自然と湧き上がってくる瞑想に身を任せつつ、ゆっくり歩くのがいい。自分が無常の時空の中を歩いていて、そのうちいつかその中に溶け込んで同化していくのだという思いに包まれ、静かな気持ちにさせてくれるのである。

（大阪小児科医会会報　２０２４年7月号掲載）

旅の終わりに

外来で18歳の女子高校生が風邪で受診した際、マスクを外すと下唇にピアスをしていた。喉を見ると舌にもピアスをしていた。自分で穴をあけたのだという。なんでそんなことをするのと聞いたら「かわいいもん。でもまあ自己満足です」と答えた。自嘲の中に精一杯の矜持を含んでいたのかもしれない。興味本位で尋ねるのはよくなかったのだろうか、それとも会話能力のない私の言葉が詰問や説教に聞こえたのだろうか、それ以後外来に現れることはなかった。しかし、その言葉は悲しみに似た感情をさざ波のように残した。この10年間、樹木への旅と題してシリーズでエッセーを掲載してもらった。医学の雑誌なので気楽に、大好きな司馬遼太郎さんの「街道をゆく」の中に出ている木を見に行ったりしたことや、本の中の樹木にまつわる自分の体験や思索を広げてメディカルエッセー風に書いたつもりである。なぜエッセーを書くのと問われたら、いい言葉を見つけられなくて、私も同じように「自己満足です」と答えるしかない。自己満足の文章を読まされるほうはたまったものではないだろうが、読まない自由はある。近代合理主義は人間の行為を虚栄や自己満足で説明しがちである。しかし、対外的に謙遜してつかう自己満足という言葉も、内なる内燃機関にとっては燃料である。自己満足で片付けるにはエッセーたちがかわいそうにも思えるので、いささか補足的に弁明のようなことを書くことを許してもらいたいと思う。

記憶にも風化がある。そのうち認知症も出てくるかもしれない。人は誰でも、終着駅を意識しだすと自分の人生を書き残しておきたいと思うようになる。私の人生のベースは医者であり、私にとって楽しみは読書、特に司馬遼太郎さんの本、囲碁、山歩き、樹木であった。ものの見方や考え方は司馬遼太郎さんの著作を通じて学んだ。山歩きをするようになって樹木が好きになったが、それは司馬さんの造詣の深く、樹木への愛情のこもった文章によりさらに増幅された。「人間の心を安らかにするのは樹木しかない」と書いているように、司馬さんほど樹木に愛を持って接した作家はいない。司馬さんがクスを見るのが好きといえば同じように好きになるものである。能力の問題といえばそれだけだが、移り気であまり医学論文の執筆には熱意がなかったのか、多くの症例を経験した割には医学論文はあまり書かなかった。自分で思うに、厳密な言語体系を必要とする医学論文はいい加減な性分の自分には向いていなかったのであろう。エッセーとは元来思索的な散文であるから、自分の体験をその時の思いに乗せて綴ったらいいだけである。だから気楽な分だけエッセーを書くことに苦痛は感じなかった。不勉強やひとりよがりな主張もあるかもしれないが、正確を期す固い医学論文とは違うエッセーという点で大目に見ていただけたらと思う。このシリーズのエッセーを終えるにあたり、読んでもらった人々には誌上を借りて感謝を申し上げたい。終えるのは単に「樹木への旅」として書くべき種がなくなったからである。逆に言えば、樹木から派生しての書くべき私の思いはだいたい書き尽くしてしまったということである。頭の中ではいろんな思いが交雑しているようだが、言語化能力の問題かもしれないが文字に結晶化するとなると、本当に思っている事というものは案外少ないものなのかもしれない。

私には書くことで多くのメリットがあった。フランスの哲学者アランによれば何かを表現したいことの本質は、自分ではわかっていない自分のことを認識する鏡のようなものだという。すなわち、自分を知るためでもある。「樹木への旅」と題したが、本当は司馬遼太郎さんの本の中の樹木を旅するという題が適当に思っているがおこがましいので名前は省いた。山歩きで好きなコースは何度歩いても楽しめるのと同じように、「街道をゆく」は何度読んでも楽しめる。旅行の機会があったとき、私は司馬遼太郎さんが訪ねた場所をあたかも歌枕を訪ねるように立ち寄った。地元近くにある場所には足しげく訪れ、「司馬遼太郎さんの樹木」として季節、季節に手を触れ見上げた。各エッセーの中ではその中で、必ず司馬遼太郎さんの言葉を引用して入れるということを義務的に課して書いた。そのことで芯ができ、書きやすかったのも確かである。私が惹かれた司馬遼太郎さんの言葉をみんなに広く共有してもらいたかったというおせっかいな思いがあったが、結局は司馬遼太郎の言葉を反芻し自分の心に深く刻み込む行為でもあった。本当は「私の心の中の司馬遼太郎」を書きたかったというのが本心である。引用することで司馬遼太郎さんの偉大さをますます理解するようになった。言語化することで考えがシャープになり、愛が深まった。個々の樹木もそうだし、六甲賛歌や葛城・金剛礼賛を書くことによってさらにその山々を愛するようになった。西田幾多郎の言葉であるが、「ものを知るにはこれを愛さねばならない。愛するにはこれを知らねばならない」というそのとおりである。恋人に書くラブレターも、実際のところ書くことで自分の愛を高めるのに役立っているのかもしれない。だからこれらのエッセー達は気分的には、第一に私の人生を豊かにしてくれた司馬遼太郎さんへの感謝状みたいなものなのである。

「人間のことばというものは本来独立しがたいものでそれを口に出した人間と不離にかかわるものだ」（司

馬遼太郎　街道をゆく9）、「人間の言葉には心が付随している」（司馬遼太郎が考えたこと12）ということである。したがって、自分を語るエッセーにはその当時の思いや心の中が書かれている。ある意味では自分の心の自分史なのだと思う。対外的には自分の心をさらけ出すことになる。概して人間の心というものは、表層の明るいものから人には知られたくない奥深い闇まで続いている。その文章をつづった時、選んだ言葉にも自分なりに意味があり、秘めた思いやのぞかれたくない部分も含め、その時の自分の心の内は自分だけがもっともよく知っている。読み返したら文章の中にそのころの心を見出すだろう。

10年間続けられたのはそれが楽しかったからである。山歩きも楽しいからであり、脳の喜びよりも目的が単に健康維持・体力増強のための頑張りだけなら続かないに違いない。教育学者の斎藤孝氏は「その時代の知識や情報が自分の周りをずっと流れ去っていきながら、自分の中の一部として知識が定着してくる感覚。それが地層のように積み重なっていく、あるいはネットワークのように自分の中で知識がつながっていく感覚。それがあると、自分自身が内側から豊かになった気がします。外側に豊かさがあるのではなくて、自分の内側に、湧き上がるような豊さが感じられる」と言っている。ＮＨＫの番組、ヒューマンサイエンスによれば人間の欲望の根源はドパミンであり、あーと分かった時によく出るのだという。書く中で自分なりの新しい発見もあり、自分の体験と司馬さんの言葉などを再構成してエッセーにする作業はその感覚であった。

高齢になるにつれて、意欲や好奇心と関わりの深い脳の前頭葉の働きが低下する。その予防にはインプットよりアウトプットがより大事だという。ものごとをどうとらえ、心にどう響き、それをもとに自分自身がどう考えるのかを言語化しなければ、アウトプットとはよべないという。エッセーを書くことが脳の活性化に役立ってくれたことを期待したいものである。願わくば、今後やってくるかもしれない認知症の発症を、書き続けた10年間ぶんぐらいは先延ばしにしてもらえたらありがたいのだが——。記憶の風化は避けられないが、本来、記憶は完璧ではなく、正確でもない。記憶は事実や経験を実際起こっている通りではなく、貯えている形にもとづいて再構築したものだという。このことは冤罪や裁判などで問題になることのようである。老いゆく中、過ぎ行く時の流れの外に流れを越え出てその時の心を押しピンでクリップボードに固定させることはできるのだろうか。写真で姿かたちは残せるが、心を固定することはできない。エッセーは言葉によって記憶や心を固定させてくれるかもしれない。最近、身近に認知を患った叔父さんを見ているが、短期記憶を蓄えられない状態でも昔の記憶は残している。紙媒体として脳の外に蓄えられている私の心の記憶を、読み返したとき、認知症になっていてもわかるのだろうか。今から先、自分にとっての一種の実験材料でもある。だからこのエッセーたちも第二にはタイムカプセルに入れた未来の自分への手紙でもある。

この稿を書きながら、自分に自己満足というキーワードを自覚させてくれたあの女子高生のことをなぜか思い出すのである。今頃いい娘さんになっているだろうか。このごろタトゥーや鼻翼や耳介にピアスをつけている人も普通に見かけるようになった。あの女子高生は時代の先をいっていたのだろうか。一方で私は多くの人が楽しむ中にいて、いわゆる「知が邪魔をして」楽しめない自分や面白みのない自分を外から何度も眺めてきた。オードリー・ヘップバーンの言葉であるが「何より大事なのは、人生を楽しむこと。幸せを感じること、それだけです」。ひょっとしたらあの女子高生は人生の楽しみ方を私よりよく知っており、人にはばかることなく既存の価値から離れ、簡単に殻を破り自由に自己を表現していたのかもしれない。地球の危機から生物多

大西先生（左）、正岡先生（中央）と筆者

様性の重要性が叫ばれているが、複雑になってきた社会では文化のみならず、個々の人生の生き方も含め、多様性がもっとも重要なキーワードであるということを身に染みるように感じている。私もその多様性の一部であり、自分はそのままの自分でいいのだと思うようになってきた。

従来から緑内障もあり、この十年で視力も随分衰えた。以前より読書には若干の努力が必要であり、簡単なことではなくなってきた。人生で大切なことは「よき友、よきパートナー、よき書物にめぐりあうこと」だという。多様性の観点からすればこれも絶対的な価値ではないかもしれないが、私にとってはよき友、よきパートナーはもちろん、今まで読めるときに司馬遼太郎さんをはじめとして、好きな作家の本を読む時間をもらえたことに感謝である。それなしにはこれらのエッセーも書けなかった。そればかりではなく、第二の人生として今の職場に引っ張ってくれ、環境としてゆったりとした書く時間をもらい、陰で応援してくれた厚生会第一病院理事長の大西俊輝先生に心より感謝を申し上げたい。脳外科診療のかたわら、多分野にわたるたくさんの著書を著わしている作家で博識の大西先生に褒めてもらいたいために書いていたようなところがある。さらに毎回原稿をチェックし、長年掲載してもらった大阪小児科医会の編集者の方々にも。感謝すべき人が多すぎる。ありがたいことである。

（大阪小児科医会会報　２０２４年10月号掲載）

随想

趣味としての水泳

生理学の教えるところによれば、人間の酸素摂取量は20歳を１００％とすると年に1％ずつ減少し70歳では50％になるという。同様に腎機能も年間1％ずつ低下し、70歳で半分になるという。筋肉量も50歳を過ぎると急速に減少に転じ、80歳で50％になる。筋肉が落ちるとエネルギー源の脂質や糖質が消費されなくなり基礎代謝が減り、肥満・糖尿病に結びついてゆくというストーリーになる。

だから50歳を過ぎたら意識して運動し、筋肉を鍛える必要があるという。これらの事柄が自分のこととして身につまされる歳になった。今年還暦を迎えるが、定年後、心豊かに過ごすためには少なくとも5つの趣味を持っていたほうが良いというのを読んだことがある。酒などは趣味に入れるわけにはいかないだろうから、私の趣味としては囲碁、山歩き、読書、旅行、水泳と5つをあげることができる。まあ金銭的にはさほど豊かではなかったので必然的に金のあまりかからないものを趣味として身に付けてきたことになる。

水泳は孫のベビー・スイミングを見学してからのことである。だからもう3年になる。初め、25ｍさえも泳ぐのはしんどいものだった。すぐに息があがった。エネルギーの代謝回転に無駄が多かったのだろう。少しずつ距離も伸び、楽になってきてから泳ぐことが楽しくなり趣味のひとつに昇格した。誰もいないコースをせかされることなくゆっくり泳ぐことは実際気持ちがいいものである。1日500m、週に3～4回泳ぐので年間80㎞ぐらいになる。こつこつやれば相当な距離になるものである。

子育ての脳科学によればほめられるとドーパミンが出て、神経回路の形成が促進されるということである。この歳になればほめられることもなくなったので500mを泳いだ後は自分が自分をほめてあげるのである。脳は筋肉と同じで使うと大きくなるということである。私はあと少しあと少しと思いながら泳いでいるが、それは結局のところ前頭前野の「続けるという意志の脳・忍耐する脳」を鍛えているのだと思っている。始める前の値はわからないが、3年したら肺活量が年齢相当の140％になっていた。山に行っても息があがることが少なくなった。だから山歩きの趣味にも恩恵がある。

それに肩こり、腰痛が少なくなった。水泳のカロリー消費はウォーキングの約2・5倍であるので水泳の500mはウォーキングの1200m（消費カロリーにして60キロカロリー、脂肪にして約6g）に相当する。単純計算では私の水泳で消費された脂肪は1年間で約1kgになる。山歩きもしているので水泳ばかりが貢献したとは思われないが確かに体重は3年で3kg減った。歳をとると歩かなくなり、歩かなくなると歳をとるという。NHKによれば歩く人ほど認知症は少ないという。宗教学者の山折哲夫氏は西行、芭蕉、良寛等を例に、たくさん歩くことは創造性を育み豊かな晩年を迎えることができると言い、一般の人が手軽にできる心の修養として散歩を勧めている。

このように運動が身体のみならず精神的にも重要であることを理論としてではなく体験として分かるようになったし、インシュリン抵抗性というものを細胞レベルはもとより身体の臓器全体の総合的な歯車の回転の中でイメージできるようになった。従って日常診療の中でメタボ・糖尿病の人に運動するように自信を持って勧められるようになったがこれも別の大きな収穫といえるかもしれない。

（八尾市医師会報　新年号　２００９年）

娑婆遊び

なんでも鑑定団「お宝発見」というテレビ番組ではたいていは自分の思っている評価とは違い、低い評価額が笑いになって番組を盛り上げるストーリーになっている。ビジネス書によれば、他人からの評価は自分自身による評価の半分ぐらいに思っていた方がいいという。

作家の曽野綾子さんは「人間はそもそも正しく他人を理解することなどできないのである。めいめいの力量で見ているに過ぎない。だから自分が他人に正当に認められないことに耐えることも必要だ」という。最近、私の車も評価の対象になった。私は車の運転が多分下手か注意欠陥があるのであろう。あちこちにへこみやすり傷を作っている。新車を買って最初の頃は保険できれいにしてもらうが、保険会社も損はしない仕組みになっている。保険を使えば次回から保険料が跳ね上がり、回収する仕組みになっている。だからそのうち傷がついてもほったらかしになる。結果としてあちこちに傷がたまり、ますます直す価値を感じなくなる。今まで数台乗ってきたが、同じようなパターンである。車検が近くなった先月、カーブを小回りしすぎて左のドアを大きくこすった。ドアごと変えるのは馬鹿らしいし、どうしようかと迷った。車買い取の宣伝に乗せられみてもらったところ、鑑定士の評価額は20万円と別の会社は2万円だった。コロナで心理的な委縮もあり、新車に買い替えるか迷っていたが、車検の見積もりが15万円だった。私の予想よりはるかに安かった。車検後、心なしか走りが軽くなった気がした。これならあと5～6年は走るだろうと思った。2万円で売らなくてよかった。小林一茶に「ことしから丸儲けぞよ娑婆遊び」という俳句があるが、100万円ぐらい丸儲けした気分になった。なじんだ車も命を長らえた。きれいに越したことはないが、私は車を足だと思っている。それぞれ評価の価値基準が違うのである。他人に評価してもらわなくても、自分の価値基準で行けばいいのである。ドア部分は塗料を塗ってもらったが、人目に目立つのは変わらない。見栄にこだわらねば、傷つけられても腹は立たないし、盗難の心配もなく精神的には気楽なものである。昼食時、職場のおばちゃんに「先生、助手席に女性を乗せられないどころか、その前に逃げてしまいますよ」と言われ、みんなで大笑いになった。老け込むにはまだ早すぎると思っているが「とほほ」である。まあ元からドライブを楽しむという趣味はなく、しゃなりしゃなりの女性はお呼びでないから、残りの娑婆人生、力を抜いて小沢昭一流に「老いらくの花、咲いてよし、咲かぬもよし」くらいがいいに違いない。

（八尾市医師会報　新年号　2021年）

誰が為に医学はある

55歳で小児血液腫瘍部門の現役をやめてから10年になった。保育園にいる他のdutyとしては保育園の経営母体である病院で、成人内科の外来診療を週4単位受け持っている。そこで老化に伴ういろいろな疾患を見ることになった。高血圧・糖尿病・脳梗塞・心房細動・心不全・脊椎圧迫骨折・過活動膀胱・めまい・COPD・認知症等々である。それは近未来の自分の姿でもある。内科診療のトレーニングとして上記疾患に関わる幅広い分野の講演を聞くようになった。これらは小児科の時代にはまったく興味のなかったものだったが、今では耳学問として講演そのものを楽しんでいる。ありふれた病気の高血圧や糖尿病の講演会でも、そしてテーマが同じであっても、いろんな人から話を聞いても飽きることがないくらいその医学的研究の奥はとても深い。厳密さは別としても「動脈硬化の初発症状はインポである」ということなど教えてもらうと、動脈硬化の学問は老年学ではなく若い時から知っておくべき医学知識ではないかと思ったりもする。小児科学も子どもと高齢者の課題をバラバラに考えるのではなくシームレスな学問として、成人・老年学の医学知識を積極的に取り入れていくことが必要ではないだろうか。今は生涯で2度医者を経験したような気分でもある。そのような機会を与えてくれた先輩にとても感謝しているこの頃である。

実際のところ、われわれが勉強しようとする動機はプロフェッショナルとしての医者の責務と同時に患者の悩みに答えようとすることからである。私が専門にしていた小児血液腫瘍に関しても、患者を見るという責任が無くなってからからその種の講演会に行く機会はほとんどなくなった。あっという間に取り残されているに違いない。このように、医者としても自分に直接関わりのない病気については積極的に勉強するということはないのが一般的ではなかろうか。自分の診ている患者が勉強の後押しをしてくれているともいえる。自分の経験からして、小児科医は上記のような加齢に伴う疾患の患者を診療の現場で診ることはほとんどなく、それ故にそういった疾患に興味を持つことがないのが本当のところである。従って、自分の老化に対して医学の勉強をするという機会が必然的に少なくなるという点において、小児科医はある種の弱点を抱えているかもしれない。

若いころに学んだ医者の心構えはウィリアム・オスラー博士の「われわれがここにあるのは自分のためではなく他の人々の人生をより幸せにするためである。」とか、緒方洪庵の扶氏医戒之略にあるような「医の世に生活するは人の為のみ、おのれがためにあらずということを其の業の本旨とす。安逸を思わず、名利を顧みず、唯おのれをすてて人を救わんことを希ふべし。人の生命を保全し、人の疾病を復活し、人の患苦を寛解するの他事あるものにあらず。」が医学の本流をなす教育思想であったし、多くの医師はその思想に従って精進している。私も小児科医としてそのような気持ちで診療に当たってきた。現在、老年の患者をいつも身近に見て、長年の生活習慣の蓄積により次第に病気が現れてゆくことを実感し、自分もその道を歩んでいっていることを自覚すると、医学に対する考えが少し違ってきた。我々が学んできた医学、特に予防医学は誰の為にあるかという問いに対して、それは「自分自身の為である」とはっきり言えるようになった。医師一人を養成するのに国公立大学で５０００万の税金が投入されているということであるが、それに報いることが当たり前の考え方である。自分の為というのは建前上、禁句で不遜な言い分に聞こえるかもしれないが、医学の教えることをまず自分の問題として日常の生活に取り入れ、自分の理解と実践を通して人々にも伝えていけばいいのであると思う。結局はその方が親切というものである。考えの変化は年齢のなせるものかもしれない。

このことを同じ次元で語っていいかは分からないが、人々の魂を救う仕事である宗教家の親鸞が、歎異抄で語った言葉がある。「弥陀の五劫思惟の願をよくよく案ずれば、ひとえに親鸞一人がためなり」。この言葉は多くの人を魅了している。五木寛之氏の解説によれば「つくづく思いいたせば仏というものは自分ひとりのためにあったのだ」と親鸞は言った。仏と一対一で直接に向きあう。そこで対面するのは村でも郡でも国でもない。名もなき一人の「われ」である。念仏するのは、仏との交流である。家族のためでも兄弟のためでも、父母のためでもない。まして国家や世間のためでもない（新老人の思想）。司馬遼太郎さんは歎異抄の思想を意訳で「私が考えた体系は私自身が救われたいがためのものである。従って親鸞は一人の弟子ももっていない。私の体系についてあなたが信じようと信じまいとどちらでもいい。信仰とはそういうものではないか」として、「思想としての個我というものがこれほど鮮やかなかたちで表現されたものはそれ以前にない」と書いている（街道をゆく「叡山の諸道」）。歴史に先駆けて出現した個の思想は、中世の闇夜の鮮やかな花火のようものであったろうか。哲学的な難しいことは別にして、親鸞の聖人としてのフィルターを外してみたら、晩年になった親鸞が仏の説いた教えを他人ごとではなく、真剣に自分のこととしてとらえたということであろうか。

本来学問は世過ぎ身過ぎの為ではなく、自分の為であるものなのである。多くの学問の中にあって、医学は己と己の身体を知る学問であることを思えば、医学を学んだということは実に幸福なことであったし、これからもその発展を脳の喜びとして受け続けたいものである。

（大阪小児科医会会報　２０１５年1月号掲載）

私の初詣

一年の感謝を捧げ、新年の無事と平安を祈願したりする日本人恒例の神社・仏閣への初詣にはここ20年ばかりご無沙汰である。

初詣代わりに正月の恒例にしていることがある。落葉山、灰形山、湯槽谷山の有馬三山を上り下りしてから番匠畑尾根を経て六甲山へ登り、紅葉谷道を有馬へ降りて金の湯に入り帰ってくることである。ピークハンターではないので同じコースでも何回行っても楽しめる。このコースの裏六甲は表六甲より寒いため、正月にはもう雪が積もっている。ピリッとした冷たい風や空気が歩いて熱くなった体には心地よい。アイゼンの利いたザクザクとした音と足裏へ感触が気持ちよく感じられる。冬枯れの雑木林に日差しが射し込む山道はそれだけで美しい。時期にはまだ早いヤブ椿の一輪にでも出会ったら、脳の喜びは最高潮になる。たいていは誰にも会わない。それでも新たに積もった雪道に山靴の跡が残っていると、私と似たような気持ちで先を行く人がいると思えてうれしくなる。誰もいない山をあるくことは心たのしいものである。自然の美しさに心を動かされ、自分と対話する時間でもある。孤独を感じることは全くない。哲学者の三木清は『孤独は山にはなく、街にある。一人の人間にあるのではなく、大勢の人間の「間」にある』と書いている。現代に生きていたら「孤独は

NETやLINEの中にある」と言ったかもしれない。ただし、最近では繋がり過ぎを背景に、若者もLINE疲れでむしろ一人になりたい願望が強く、一人の時間も充実させる「ソロ充」「ぼっち充」なる造語もあるという。私はLINEには未だ縁がないが、他人事ながらうなずけることである。最近、睡眠力とか老人力とかいろんな言葉に力を加えて新しい概念のイメージを広げている。さしずめ人間にも孤独力という能力が必要ではないかと思う。一般にはネガティブなイメージがあるが、孤独は引きこもりとは違う。

人間には3つのイスが必要だと云う。一つは孤独のため、もう一つは友情のため、三つめは交際のためである。（ソロー 森の生活）。すなわち一人になるイス、友人の為のイス、社会の為のイスである小児血液腫瘍分野を担当していた現役時代はその診療に一生懸命で、一人になるイスに座る時間が少なかったような気がする。55歳でセミ・リタイアしてから少しは自分の時間を持てるようになった。どの年代でも人間にはそのような一人になる時間を持つことが必要であることを多くの先賢が述べているが、特に高齢者になっていく今の私のような世代にはより必要なことのように思われる。「一人で遊ぶ習慣をつけよ」「一人になることが楽しければさみしさはない」（曽野綾子）。この対極に、連れ合いに言われたくない「濡れ落ち葉」や、わしも行くの「わしも族」という言葉がある。

有馬三山のコースは約8・5km、累積高低差は約800mくらいだろうか。全行程の歩行時間、4～5時間は日照時間の短い冬にはちょうど適当な距離である。例年の記録を比べて、一年一年の体力の状態を知ることができる。べつに記録をのばす気で歩くことはないが、時間の短縮を確認すると客観的に体調を教えてもらえるようでうれしくもある。温泉でみそぎをするとは軟弱であるが、山歩きの汗を有馬の温泉で流し、湯船でよ

有馬三山をゆく

く頑張ってくれた膝を温めて感謝をささげ、あとは梅田行のバスに乗ればいい。バスターミナル前の店で買った、ほかほかのたこ焼きを肴にしてワンカップの酒を飲んでいるうちに1時間で梅田に帰ってくる。梅田でいつもの串カツ屋の「鳥の巣」のカウンターで焼酎をあと一杯飲みなおしてから、正月気分のにぎやかな人波の中を帰宅へ向かうと、それで心静かな芳醇な一日が終わる。そしてこの一年もやっていけそうな気分になるのである。それが私の新たな一年の始まりでもあり、年間約500~600㎞の山歩きのスタートでもある。毎日の日課が1000mの水泳、毎週休日の週課が山歩きなら正月の有馬三山の山歩きは初詣のような歳課と言っていいかもしれない。

（大阪小児科医会会報　2016年1月号掲載）

ライフアドバイザー

自然界は見方によってはすべてアナロジーで成り立っているように思える。山歩きをして、人体も自然の一つとしてのアナロジーに気づかされることがある。先日ＮＨＫの「ためしてガッテン」で知ったことだが、人体の毛細血管は10万キロ（地球2周半）にもなり、老化すると毛細血管がどんどん消滅していくということである。毛細血管の消失が老化やいろんな病気と結びつく。医学技術の進歩でそれを観察できるようになり、皮膚のシミやしわなどもその結果であるという。毛細血管を保つ方法はそこを血液が流れ続けることであるという。私はあまり人の歩かない細い山道を歩くのが好きであるが、歩いている時、誰か人が歩くからこの細い山道も維持されるのだと思った。全く人が歩かなくなった山道は落葉や草木に覆われ、いつの間にかなくなってしまうだろう。歩く喜びをもらいつつ、歩くことによって山道の維持に貢献しているのである。毛細血管も同じだなとすぐ理解できる。このことを考えると、スポーツ医学では運動の効用を筋肉増強・エネルギー消費に光を当てているが、結局のところ運動の最も重要な効用は毛細血管に血液を循環させ続けることになろうかと思われる。社会においても大災害が起こると、最も急がれるのは流通路の確保である。毛細血管から血液を送り込む先の細胞の中ではミトコンドリアが待っている。私たちが健康であるためには個々の細胞レベルでみれば量のみならず、質の良いミトコンドリアを持つことが大事であるが、ミトコンドリアも容易に傷ついてしまう。ニック・レーンは「ミトコンドリアが進化を決めた」という著作の中で、ミトコンドリアの側から見た生命観を展開している。すなわちミトコンドリアは細菌に似ていて、かつて太古の時代に自分より大きな細胞に取り込まれ、共生関係を築いた名残として存在していて、そのことが生命に複雑さをもたらし進化の原動力になったという、壮大なストーリーである。その内容から私なりに理解することは、以下のようなことである。「ミトコンドリアの呼吸鎖の歯車がスムーズに回らなければ（呼吸鎖の物理的健全さが失われたとき）呼吸鎖から漏れ出た電子が酸素と結合し、フリーラジカル（活性酸素）となる。そのフリーラジカルでまわりのものが損傷を受ける。酸化により劣化したタンパク質や不良化したミトコンドリアなどを取り除くシステムが、オートファジーであるが、それらのバランスが閾値を超えれば、損傷の大きなミトコンドリアが増えた細胞はエネルギー危機に直面し、アポトーシスを起こし、細胞自体が取り除かれる。こうして組織自体が徐々に小さくなり、機能を失っていく。これが老化の過程である。ミトコンドリアが細胞のアポトーシスを担っており、ミトコンドリアはエネルギー産生とアポトーシスを担う諸刃の刃でもある。老年性疾患の進行を遅らせるにはフリーラジカルの漏出を抑えることである。ミトコンドリアの呼吸鎖をスムーズに回さない要因は細胞の飢餓と窒息である。長寿の秘訣は身体活動や精神活動のエネルギー需要がミトコンドリアの分裂を喚起しミトコンドリアに予備力をもたらすことを知り、ミトコンドリアを鍛えることである。」この観点に立てば、毛細血管の消滅は細胞の飢餓と窒息につながり、細胞のアポトーシス・組織の機能低下へ結びついていくイメージがはっきりしてくる。血液循環の重要性の視点に立てば運動強度をいうだけではなく、運動の継続が重要で、運動強度が足らなくても日々、意識して歩くだけでも価値があるのではないだろうか。NHKの放送によれば、運動以外に薬で毛細血管の再生に唯一漢方薬で使われる桂枝（シナモン）が効くことが分かったという。桂枝は駆瘀血剤の主成分である。血の巡りが悪いという状態の微小循環不全を瘀血という概念で体系化し、経験的治療を蓄積してきた漢方医学の薬効に科学の光が当たり始めたということであろうか。シナモンはアラブの国では昔から老化防止に使われているそうである。医学体系は違っているが、漢方は真剣に学ぶべきものだと思う。

さて運動は今や「Exercise is Medicine」という文字通りの言葉が人々の健康増進の社会啓蒙活動になっているぐらい、健康に重要な要素になっている。介護人口の増加に危機感を持った政府は、介護に至る以前の状態をフレイルと定義し、フレイルから介護状態への予防のためにフレイルの人に対して「運動（歩く）・人と話す・考えることをやる」ことを積極的に取り入れることを推奨している。上記のことを考慮すれば、継続的な運動＋桂枝を含む漢方薬などフレイルの人にはいいかもしれない。しかしこのことはメタボ健診からメタボ治療を成人から始めるのと似ている。小児科医からすればメタボ予防は子どもの頃から、ひいては成人病胎児期発症説からいえば、胎児の頃からすべきものなのである。同様に、運動はフレイルになる以前からやるべきなのである。子どもの頃から運動習慣をつけ、その意味や楽しさを教えるべきなのである。文科省の調査によれば体育の授業以外に全く運動をしない児童生徒が増加していることが明らかにされている。中学女子では23%が運動ゼロということである。（読売新聞2013年12月15日）。日本の教育の中にはこのような人生の重要な時期に、人生全体のQOL（Quality of Life）を向上させる実際的な知識や技術を教え習得する機会が不足しているのではないだろうか。

ＮＨＫの番組の「ルソンの壺」でサイクルショップの社長が社員に「自転車を売るには自分が乗ってサイクリングが好きになってサイクリングのアドバイザーになりなさい。サイクリングを通して人生を楽しみそこからいろんな話題が広がる。そしてひいてはライフアドバイザーになりなさい。」と訓示したそうである。実際、社員全員がサイクリングクラブを作り、自分たちが楽しみ出してから売り上げが伸びたという話であった。「知識があるだけではダメで、知識より好きに勝るものはない」という同社長の話も論語の「これを知る者はこれを好む者に如かず。これを好む者はこれを楽しむ者に如かず。」と同じである。生の充実のみならず、医者は生死にも向き合う仕事である。またそのことで良きにつけ、悪しきにつけ学ぶ機会を必然的に持つが故に、ＱＯＬのみならずＱＯＤ（Quality of Death）を考える立場にいる。ＱＯＤ（Quality of Death）はがんを病んでからのものだけでもない、また高齢者のためのものでもない。ＱＯＬもＱＯＤも別々のものではなく、同じ地平線上にある平素から考えておくべき思想である。一方、医学の限界も知っている立場にもある。医学のベースを持つ医者は医学を楽しみ、メディカルアドバイザーを超えてライフアドバイザーになれる素地を持っているのではないかと思われる。医者で自分の価値観や死生観を押し付けることはおこがましいというむきには、少なくとも自分自身に対してライフアドバイザーにはなれる。医学を学んだ恩恵とはそういうものではないだろうか。

心臓へ戻る血液の量が心臓から出る血液量を決める因子である（スターリングの心臓の法則）。そして心臓へ戻る血液量を決める大部分は足である。足の筋肉は体の筋肉の70％を占めるそうである。心拍出量を決めるのは心臓に戻ってくる量であるので、戻る血液量を手助けする足の筋肉は第二の心臓と言われると納得がいく。サイクリングはいかにも太ももの筋肉を鍛えている感じがする。そればかりでなく運動は精神を解放させてくれる。哲学者アランは幸福論の中で「私たちが情念から解放されるのは思考の働きによってではなくむしろ体の運動によってである。」と述べている。ある精神科医は、遊びができるようになると鬱は改善していくと講演で話していた。ロンドンに国費留学した夏目漱石は、異国の地でひどい神経衰弱に悩んでおり、その様子を見て、下宿の太ったおばさんが「自転車に乗りなさい」とアドバイスしてくれたそうである。漱石を尊敬していた司馬遼太郎さんも「漱石はサイクリングすることで頭を勉強以外のことにふりむけた。」と書いている。ヨーロッパでは車道とは別に自転車道が整備されていて、それだけで国の余力とか成熟した豊かさを感じる。司馬遼太郎さんはこれから日本が目指すべきは高度成長社会よりも美しき停滞＝成熟した社会であるという。このごろサイクリングしている人が増えてきたが、それを見ると日本もやっと成熟してきた社会になってきたのかなという気がする。医者にも私の身近に多くの愛好者がいるのを知っている。

サイクリングはいかにもさっそうとしたシティ派のかっこよさがあるが、山歩きには山歩きのよさがある。ゆっくり歩く時間の中でこそ足元の小さな野草の美しさに気づくことがある。ふかふかの落葉の道を歩く心地よさはそれだけで幸福を感じる。ある日柿色に美しく紅葉した山桜の葉を見ているとどれ一つとっても虫食いの穴があいていないものはないことに気づきはっとした。年齢を重ねるとそんなことに気が付くようになる。これも人生のアナロジーと言えなくもない。そのことに感動した人がすでにいて、俳句になっている。新聞のコラムに見つけた「秋風に傷なきものはなかりけり」（橘高薫風）である。山歩きからは運動・景色の恩恵ばかりではなく医学や人生を教えられることも多い。だから本当は山を歩いているというより、歩かせてもらっていると言った方が正しいのかもしれない。山と、いつまでもってくれるかわからないが心肺・足腰のみならず全細胞に感謝である。脳に奉仕する身体は私に喜びを与えてくれるが、私という脳が身体にできる感謝のお礼は意識的に運動して血液を循環させ、一つ一つの細胞へ酸素と栄養の供給することである。血液と血管の関係と同様、脳と身体のお互いの共存関係は自然界の本質的な姿である。だから、最近のアメリカファーストや都民ファーストといった自然の本質から離れた政治的主張や考え方はごう慢で、一時的にもてはやされたとしても長続きするものとはとても思えない。

（大阪小児科医会会報　２０１７年1月号掲載）

「第九」100年に寄せて

ベートーベンの「第九」は、第一次世界大戦中の1918年徳島県鳴門市にあったドイツ兵の捕虜収容所で、捕虜が演奏したのが国内初演とされている。従って、2018年はちょうどその100年になる。私も年末には地区で毎年開催される「第九」の演奏会を聴きに行くことが恒例になっている。その時、地域のアマの合唱団を指導している有名な指揮者の延原武春さんが、演奏を始める前に話をされたが、年末に「第九」が演奏されるのは日本だけであって、それは今では誇るべきとてもいい伝統文化になっているということであった。ヨーロッパでは、通称「ハレルヤコーラス」で有名なヘンデル作曲の「メサイア」がよく演奏されるそうで、ベートーベンの故郷のドイツのクラッシック音楽関係者も、日本での年末の「第九」の好まれようには驚いているそうである。なぜ年末に日本で「第九」かと、不思議に思うが慣例になってしまってそのような疑問さえ浮かばなくなってしまっている。主題旋律が次第に盛り上がっていくリフレーンの中で、荘厳・喜び・希望・励まし・連帯などを感じさせてくれる点において、新しい年を迎えようとしているという時の日本人の感性に、相性がいいのだろうとしか言いようがない。イギリス離脱後のEUの運命を左右しかねないフランス大統領選挙で、マクロン候補が勝利した時に流れていたのが「第九」であり、それがEUの歌であることを初めて知った。それがEU統合を象徴しているような気がした。

NHKテレビで放映されていたが、何度も練習を重ね、がん患者・家族・医療者が一緒になって歌う合唱団の「第九」はまさに「生きる喜び」「お互いの連帯」の真実味がこもっていた。「第九」を歌っている人も聴いている人にもそれぞれに特別な思いがあるにちがいない。

私にも「第九」にまつわる思い出がある。中学3年の時、私が大切にしていた宝物の「第九」交響曲のレコード（と言っても中学生の私が持っていたのはソノシート盤の安いものだったが）を別れゆく同級生に贈ったことがある。担任の説明では家庭の事情ということだったが、鹿児島から遠い埼玉の親戚の元へ途中で転校してゆく女の子がいた。中学校の同窓会で彼女の名前を口に出すと、みんな覚えていたからそれぞれの心の中に留めるような印象のある女生徒だったのだろう。丸顔で老舗旅館の女将さんになれそうな美しい富士額を持ち、少し陰を持っていたがよく本を読んでいたようで、読書を通して大人びたところがあった。転校してゆくときに、私は少年によくある純粋な気持ちで、転校してゆくつらい思いへの同情とこれからの未来への励ましも込め、「第九はベートーベンが耳の聞こえなくなった苦悩の中で作曲したのだ」ということ書き添えて贈った。その後も年賀状の細々とした文通の機会があったのだろう。私が医学生の時、一度だけ関西への旅行のついでということで大阪に訪ねてきてくれたことがある。二人で柳生街道・滝坂の道を歩いた。その後しばらくして、結婚するという便りを最後に音信は途絶えた。自分の結婚を前にして、会いに来てくれたのかもしれないと思うのは自分勝手な回想の仕業である。年末に「第九」の演奏会で聴いていると、音楽ばかりでなくそのことやクラスの情景などが思い出されてくる。音楽は回想の憑代となる。ひとり静かに回想すると、なにやらあたたかいものがじわーっと広がり、私の心を甘酸っぱい幸福な気持ちで満たしてくれる。五木寛之氏の著書「孤独のすすめ」によれば、回想は誰にも迷惑をかけないし、お金もかからない。年を重ねた人間にとっては豊かさや元気の源になるという。レコードを贈ったその思い出が50年後もほのかな幸せをもたらせてくれるのである。さて、逆に私もレコードを贈られたことがある。

私がまだ若い駆け出しの医者の時、受け持った子どもの父親が関西フィルかどこかの楽団員だったが、私の妻が妊娠中であることを知ったことで「この音楽を聞かせてあげなさい」といって、贈られたのがヘンデルの「水上の音楽」だった。バロック音楽には自然界に存在する小川のせせらぎや静かな波の音、そよ風の音、虫の鳴き声などにある「f分の1ゆらぎ」を持つものが多いそうである。このようなリズムはリラックス効果があり、母親にもおなかの子どもにいいのだそうである。それ以来、勤務先の看護師さん・保育士さんや従妹たちが妊娠した時、私が昔、演奏家からレコードをもらったストーリーを話し、「頭のいい子になるよ」と言って同じヘンデルの「水上の音楽」のCDを贈ることが恒例になっていた。演奏家の親切のおすそ分けを私もまわりの人にしたわけであるが、おかげで私自身もバロック音楽を好んで聴くようになり、自分の最も好きな音楽がバッハのマタイ受難曲だと言えるようになった。

レコードを贈ることに関して自分の経験がそのようにさせてくれるのかもしれないが、本で読んでいてあるエピソードが美しい風景として心に残っている。それは将棋の山田道美8段のことであるが、ウイキペディアによれば「山田道美は1967年第10期棋聖戦で大山康晴を下し、初タイトルを獲得。半年後の第11期棋聖戦で、中原誠の挑戦を退けて防衛。しかし、翌期、連続挑戦してきた中原から棋聖位を奪われる。これが奇しくも、その後一時代を築く中原にとっての初タイトルであり、また、山田の生涯におけるタイトルの終止符であった。」とある。山田はタイトル戦で自分を破った中原に、お祝いとして中原の好きなレコード（シューベルトの冬の旅）を贈ったということである。私がその場面を直接見たわけではないが、その情景を想像するといい風景を見たような気分になって、いつまでも心の中に残っているのである。将棋界でも昨年は藤井聡太４段という中学2年生の天才が出現し、プロデビュー以来負けなしの連勝記録に日本中が大いに盛り上がった。これから先、羽生名人がもしもタイトル戦で完敗して敗れたらレコードを贈るというような風景を見せてほしいものである。しかし、時代はレコードの時代からカセットテープ、ＣＤ　ｉＰｏｄとすっかり変わってしまった。ＣＤさえも面倒で、今ではたいてい音楽をもっぱらスマホからイヤホーンで聞いている時代である。今日、友人や恋人に音楽を贈るとしたらデジタルで送信するのだろうか、ダウンロードするだけだろうか。そうだとしたらなんだか絵にもならず味気ないものである。スマホに入った音楽をイヤホーンで聞いても母親の精神安定には寄与したとしても、本来のプレゼント先である胎児には伝わらず意味は少なくなる。50年の歳月で音楽を聴くことも便利になり身近になったようであるが、レコードを贈るというような風景も失われ、ずいぶん情緒がなくなってしまった。なんという変化の多い時代を生きてきたものだろうという気がする。そんな中で出会った最近の新聞記事であるが、ソニーがレコード生産を再開したというニュースが載っていた。アナログレコードはＣＤや配信によるデジタル音源よりも温かみが感じられるということで、国内外で若者を中心に人気が復活しているそうである。そして、レコードには音楽を自分で所有するという感覚があるということである。だから贈るということが実体化するのである。ダウンロードではこの感覚が伴わないのではないだろうか。何事においても便利さだけでは物足らないものがあるということであろうか。このようなニュースを聞くとなんだかほっとするのは私だけではないだろう。

小説家（平野啓一郎さん）の話では「今は恋愛小説を書くのが難しくなったということである。ロミオとジュリエットがもし携帯電話を持っていたらバルコニーの上と下で愛を語ることはなかっただろうし、すれ違って死ぬこともなかったはず。会えないことで相手への思いは膨らむものである。メールは便利だけれど、メールによるコミュニケーションは十全だとは言えない。対面すれば言外の情報も伝わるがメールになると剥落してしまう。」ということである。

そういう文明の中で育つ子どもたちは情緒も変わって行かざるを得ないのではないだろうか。便利さの陰で、実はじっくりとかみしめる情緒をもらえる機会を失い、50年後の回想の喜びを持つチャンスを与えられないのである。もちろん私も今ではスマホで音楽を聴く恩恵にあずかっている。しかしそれでも、アナログ世代の時代遅れと揶揄されるかもしれないが、私はレコードを贈るといった時代を過ごし、そんな時代があったということを知っていることに感謝している。

（大阪小児科医会会報　２０１８年1月号掲載）

素路（ソロ）

人は誰でも動物のねぐらのような自分の居場所を必要とするものである。最近ネットで見たニュースであるが、「平成29年版　子供・若者白書」によれば内閣府が、15歳から29歳までの男女6，０００人を対象に調査したところ、6割以上が「インターネット空間」を自分の居場所と感じている、ということがわかったということである。何となく違和感を感じるが、そのことが改めて私自身の居場所のことについて考える機会を与えてくれた。自分が私の居場所とはっきりいえるのは、いつも訪れる森の中の丸太で作ったベンチ、家のベランダに置いたアウトドア用のコット、それにゆっくり泳ぐジムの中のプールである。そこにいる時はリラックスしていつも自分ひとりだけの時間を過ごしている気分である。

森の中の居場所については別の場所でエッセーにして書いたこともある。『私には30分も車で行けば気分としては森の生活を味わえる自分の場所がある。二上山の中にあまり人の通らない雑木林の山道を１００メートルほど登っていくと、途中の小高い所にコナラやつつじに囲まれた四畳半ほどの開けた場所に丸太のベンチが置いてある。ソローの「森の生活」という本には「私の家には三つの椅子があった。一つは孤独のため、もう一つは友情のため、三つ目は交際のためである」という文章がある。ソローにちなみ、人とはほとんど出会うことはないのでそれを自分の為のイスと思って座る。ひとりの時間を楽しむために月に3～4回ぐらいは訪れる。今ではイスが自分の友人のような気分になっている。その場所から南には谷越し遠くに葛城・金剛が大阪平野へ裾を引いている山並みを真横から見ることができる。西には梢の合間に大阪の街が見える。春にはウグイスの声が聞こえ、夏には木々を渡る風に吹かれ、ヒグラシを聴く。カナカナと鳴く声は夏の終わりを告げるようで、なんとなく心に響いてくる。秋は、ひぐらしの声耳に満てり。私は方丈記の中で「夏は、ほととぎすを聞く。語らふごとに死出の山路を契る。秋は、ひぐらしの声耳に満てり。うつせみの世を悲しむほど聞こゆ」とあるのを見て、私と同じ年齢の頃の六十路の鴨長明も人里離れた山に住み、ヒグラシを私のように静かに聴いていたのだと思い、それだけで自分のイスに座ってヒグラシを聴けることをうれしく思った。ある初冬の日に私の頭の上を北風に飛ばされたコナラの枯葉が一斉に谷へ散っていくのを見た。それぞれの枯葉が谷のどこへ落ちていくのか行方は知らない。その光景は唐詩の世界を思い浮かばせてくれた』どの季節に行ってもひとりで、しかも無料で楽しめるのである。

ベランダから遠くに葛城・金剛山を見、アウトドア用のコットに寝転んで空を見ていると少年時代に屋根の上の物干し台で満天の星空を眺めていたのが自然に思い出されてくる。残念ながら今や少年時代にみた満天の星空は見ることはできなくなった。寝転んで空を見るとか星を見ると落ち着いた気分になる。寝て仰ぐという視点が人間の感じ方を変えるのかもしれない。寝ると静かな気持ちになり、遠いまなざしを持つことになるのではないだろうか。あるいは少年時代の経験や思い出がそうさせる個人的な思いなのか、どっちだろうか。

セミリタイアしてから始めた水泳は15年になる。今や自分の生活の一部になっている。特に誰もいないプールで肌に水の流れを感じながら自分のペースでゆっくり泳ぐ時、自分の時が流れているのを感じる。私は誰もいないレーンで追いかけられたりせず、競争する必要もないゆっくりと自分のペースで泳ぐ時間が好きである。手足は動かしているが頭は空っぽである。「競争しない運動」は歳をとった者ばかりでなく、運動を楽しむために若者にも当てはまることではないだろうか。スポーツ庁もこのことに気付いたのか、部活動の新指針に「生徒のニーズを踏まえた運動部の設置」を盛り込みレクリエーション志向の活動や体力作りを目標とした活動など「競争しない運動」も支援していく方針を打ち出している。（読売新聞２０１８年7月21日）

自分の居場所で自分の時間を持つということは心の居場所を持つということである。私はその場所でボーとしている時を過ごしているが、最近の脳機能イメージング研究によって、何にもしないでぼんやりしているときでも、脳では「デフォルト・モード・ネットワーク」ＤＭＮという、非常に重要な活動が営まれていることが明らかにされている。辞書によるとdefaultとは、何もしないこと、あるいは成すべきことが成されないこと、コンピューター用語では初期状態のことを意味する言葉である。『集中して何かをした後にぼんやりする時間が脳には必要だという。ＤＭＮは複数の領域からなるネットワークで脳内のさまざまな神経活動を同調させ、これから起こりうる出来事に備えるため脳の記憶系や他のシステムを統括し調整している。これに使われるエネルギーは脳全体が消費するエネルギーの60～80％にもなるという。アルツハイマー病患者で著明な脳萎縮がみられる脳領域はＤＭＮを構成する主要な領域とほとんど重なっているという』日経サイエンスｎｏ１９１「心の迷宮　脳の神秘を探る」。

脳科学者　茂木健一郎氏は「寝ている時も脳は寝ていない。ボーッとしている脳は決して怠けているわけではなく、むしろ、いつもの合理的に動く状態とはちがって、脳の広い領域が活性化し、ひらめきが生まれやすいんです。」と言っている。iPSの功績でノーベル賞をもらった山中教授も司会を務めたNHKの「シリーズ人体」：ひらめく脳の秘密の番組の中で、風呂に入ってボーとしている時にアイデアが浮かんだと話をされていた。私はこの脳科学の話を知って、自分の心の居場所の時間を自分のDMNが働いている時間だと肯定的に理解するようになった。筋肉も脳も使わねば退化するというのが生理学の原則である。ちょっとした隙間の時間にこのような自分の時間を持つということは、きっと認知症予防にもいいにちがいないと勝手に解釈している。もちろん日がな一日中ボーとばかりしてはいけないだろうが——。脳科学者であり、自分が脳卒中を経験し、回復の過程で脳の働きの深淵を内側から見届けたジル・ボルト・テーラーは、著書「奇跡の脳」の中で「頭の中ではほんの一歩踏み出せば、そこには心の平和がある。そこに近づくためには、いつも人を支配している左脳の声を黙らせるだけでいい」と書いている。ひとりでボーっとしている時間は脳科学から見ても心の平和にもつながっているのである。

インターネット空間を居場所と感じる若者が6割以上いるという結果を受けて、「共通の趣味の人がいるから」など理由があげられるが、私の居場所のひとりの時間というものと本質的に違っているように思える。ネット空間での居場所は情報の氾濫の中で、脳内にDMNの状況を作り出しているようには思えない。〝情報入手〟だけが多い状態になっている。気がつけば、脳は情報で〝オーバーフロー〟となり過労状態になるに違いない。もちろん人それぞれにいろんな居場所があって当然であるし、それを否定するわけではない。しかし数学者で作家の藤原正彦さんは「小中学生からスマホを取り上げることですね。あれによっていかに本を読む時間と孤独がなくなっているか。人間は孤独じゃないと物を考えないんですね。これは子どもたちの成長にとって致命傷になりますから」と述べている（読売新聞2018年5月30日）。20歳くらいの女学生にメディア教育の講義の中でこの言葉を伝えたが「孤独になれば自殺などいらないことを考えるのではないか」という質問を受けた。そこでクラスの学生に若者の「ひとり・孤独という意味」についてアンケートを採ったら、3分の2の学生が悪い意味・ネガティブなイメージであった。予想されたことであったが、若い人にとっては孤独とは一人ぼっち、仲間がいない、引きこもり、孤立無援などネガティブなイメージなのである。実際、学研漢和大辞典によると「孤」は親を失った子ども、「独」は子どものない老人で、独りぼっちであること、というのが昔からの意味である。言外に含まれる自由、独立、自律の意味を分かるようになるには人生経験やある程度の年齢が必要なのかもしれない。むしろ、3分の1の学生が良い意味・ポジティブなイメージと答えたのにびっくりした。最近のＬＩＮＥ離れ、スマホ疲れ、つながり孤独という言葉を聞くことがあるが、それを反映しているのかもしれない。下重暁子氏は「スマホを離れたら美しい自然に満ちあふれているこの世に気づき日の光や風のそよぎに心慰められるだろう」と書いている。「孤独のすすめ」（五木寛之）や「極上の孤独」（下重暁子）「おひとりさまの老後」（上野千鶴子）などの本により、ひとりに対する肯定的な見方が通用するようになってきた。むしろこれからの日本には必要とされる時代になってきているのかもしれない。しかし、若い時は孤独を社会からの疎外として捉える否定的な見方が支配的である。私に孤独の別の意味を教えてくれたのは、アメリカ留学中にアパートの向かいの部屋に住んでいた90歳位のおばあさんだった。赤いセーターを着て、いつもこぎれいにしていた。ひとりで住んでいたが、さみしさよりも子どもからの独立という意味を体現していた。孤独の中の自由・独立・自律など良い意味を強調する孤独に代るような新しい概念の造語が必要ではないだろうか。言葉が発見されることにより、ものごとの本質がまざまざと浮かび上がって、今まで見えなかったものの存在が浮かび上がることがある。新たな言葉を発明して孤独をもっと肯定的に自信を持って楽しめるようになれば若者のみならず、国民全体の心身の健康に対してそれだけで相当のプラスになるのではないだろうか。

芸能人がグループから独立してソロになるという話がよくある。この言葉は若者に肯定的に受け入れやすい言葉であろう。外国語の翻訳には意訳と音訳の二つがある。私は勝手に素路と訳して自分だけの言葉にしている。素は飾り気のない意味を持ち、素数のように1と自分以外の数字で割れないという、群れないイメージもある。しかも素数は無限にあるのだという。路は道である。自分の道である。ソロをわざわざ漢字にする必要はないのかもしれないが、明治のころにいい造語がなされていたらよかったのにと思うばかりである。きっと、しっかりした共同体の中で個の意識なしで生きることができた昔、社会では必要とされない概念だったのであろう。価値観というものは社会や時代ばかりなく、個々人、さらには同じ人でも年齢によっても違ってきて当然である。私自身、少年時代に物干し台で星空を見上げていた経験は宝物のような思い出であるが、その当時「ひとりの時間」と意識していたような記憶はない。子ども時代、個がなかったということであろう。孤独の大切さを説く本の著者はそれなりの人生経験者であるが、年老いて初めて分かってくるものなのだろうか。このことを演繹すれば、ひょっとしたら脳におけるＤＭＮのありようや、ＤＭＮの時間を持つことの意味が年を経た者と脳が発達途上の子どもや若者と同じとは限らないのかもしれない。はたして脳科学ではどう説明されるのか是非知りたいものである。
もう30年以上前になるが、アメリカ留学中に肺がんになり、若くして肺がんで亡くなった先輩のK先生を思い出す。優秀な人で将来は教授になるだろうと目されていた。病床にお見舞いに行ったとき咳が止まらず私も小児がんの診療に当たっていたことから、当時がんの新薬として登場したシスプラチンの、ひどい嘔吐の副作用について投与された自らの体験を話してくれた。そして「もう一度診察がしたい」と話してくれた言葉が会話の最後になった。K先生にとっては診察場が自分の居場所であったのだろう。青い鳥の話のようであるが、医者にとって、診察そのものを楽しめば、臨床の現場が自分の居場所なのである。私はひとりの時間を強調しすぎたかもしれないが、本当はさまざまな居場所があっていいのであろう。あらゆる場所が自分の居場所と思えるようなら素晴らしいことだろう。禅語の「随所に主たる」というような人生の達人が身近にいるのを知っているが、まねのできるものでもなく、私は私の居場所で自分なりの素路の時間を持てることに満足している。そのおかげで、診療や日常の生活に充電器からエネルギーを補給してもらっているような気がするからである。

（大阪小児科医会会報　２０１９年1月号掲載）

昭和は遠くなりにけり

ドキュメンタリー番組で、歴史に翻弄された時代を生きた外国の老婦人が「人間は生まれた時代から逃れて生きることはできません」と語っていた。当たり前の事実だが、経験者の語る言葉だけに重みを持って心に響いた。生まれた時代と共に生まれた国、郷土に私たちは無意識のうちに縛られるのである。だから甲子園で郷土の高校が、また国際試合で日本が勝つとうれしいし、日本を貶めるような悪口を言われるといい気持ちはしない。このような感覚の神経基盤はちょうど赤ちゃんが生存に適応するために母語を覚え、英語等の不必要な神経回路が刈りこまれるのと同じように、個々の生まれたその時代、その地域で、生存に適したように世界をとらえる方向に神経回路を発達させた結果、それが一種の取り外し不能の色眼鏡のようなフィルターになって、個人の考え方や感じ方を規定しているということかと思われる。偏った情報や教育（たとえば思想教育や反日教育）は特定のフィルターを強化することになる。インターネットの時代、そのような状況がますます増えてきた。ネットは結びつけるよりも、知らないうちに人々を分断する方に向かっているようにも思える。

元号の変わり目に遭遇して自分の置かれた時代を改めて見つめる機会を与えられた。元号の下で暮らすうちに、元号にくくられた時代も一種の人格を帯びてくるような気がする。令和初めての新年。昭和も平成を挟んでひとつ先の時代になった。美しい調和という意味を持つ令和だが、なんだか世界中がざわついている。「降る雪や　明治は遠く　なりにけり」は中村草田男の有名な俳句であるが、昭和6年に詠まれている。東京帝国大学の学生で多感な30歳の時である。年表をたどれば、昭和4年に世界大恐慌がおこり、5年には濱口雄幸首相の銃撃事件、そして句の詠まれた6年には満州事変が起こっている。私がその時代に生きていたわけではないが、世の中の雰囲気が次第に穏やかならぬ方向へ向かっている背景の中にこの句を置いてみると、単に大正を挟み、遠くなった明治を懐かしむばかりではなく、不透明な未来への不安が詠みこまれている気がするのである。先日のＮＨＫスペシャルで戦前、最大の右派メディアとも呼ばれた日本新聞の、およそ10年間分がほぼ完全な形で残されていたことが放映されていた。専門家によれば、当時の新聞には非国民や国賊の言葉が並び始めるようになり、満州事変時の論調等から次第に自由が奪われ、5・15事件、2・26事件、さらに戦争へと向かっていった道筋が見えてくるという。同じ昭和でも、幸いにも私は戦後に生まれた。そして、明治22年生まれの祖父を通して明治を遠望した。祖父の頑固さと進取の気性は明治を現しているようで、子どもの私には明治が「威厳」に充ちた祖父と同じイメージとして心の中にあった。その頃の子どもにとって、歳の差は経験知と情報量の差である。しかしＩＴやデジタル時代の今日、歳の差は情報の差にはなってこない。むしろＩＴに疎い弱者として軽んじられもする。現在、若者は「昭和やなー」とか「昭和を引きずっている」という風に揶揄するそうである。しかし、私の神経回路からすれば私には昭和が懐かしい。耳に残っているあの頃に聞いた歌が懐かしい。私の明治へのイメージは司馬遼太郎さんによっても強化された。「明治国家は徳川国家と比較にならぬほどに、権力の重量が重い」（司馬遼太郎街道をゆく　10佐渡のみち）と書いているように、明治時代、人々に個の意識は少なかっただろう。しかし、社会に普遍的に存在した公の意識の元で、坂の上の雲を見上げることのできた時代だった。司馬遼太郎さんは「坂の上の雲」で、明治のさわやかで明るく希望に満ちた日本人像を描いている。その振る舞いから世界の嫌われ者だった大国ロシアに、自衛の戦いとしてへとへとになりながらも勝利した国家として、世界中から好意と敬意をもって見られたことを描きだしている。司馬遼太郎さんは夏目漱石も敬愛していることから明治が好きだったように思える。だから、「私はつい不覚にも大正時代にうまれてしまった」(歴史と視点　司馬遼太郎)という文章に出会った時、好きだった明治に生まれたかったという意味にとらえていたが、エッセイを書きながら学徒出陣の運命に巡り合わした時代に〝生まれてしまった〟という意味だったのだろうと改めて思い至った。本人にとっては不幸な時代に生まれ合わせたであろうが、その経験が私たちへ残してくれた膨大な著作につながった。私自身も戦争の後に生まれたが、戦争がなければ私は存在していない。戦争を肯定するわけではないが、私ばかりではなく、世の中のすべての人の存在そのものがその因縁の中にある。歴史を思えば遥かな気持ちになる。令和とは何の関係もないが、隣国との関係が悪くなって、何やら不安な気分である。司馬遼太郎さんは「隣国との関係はたがいに堂々たる他人であることが結局真の親善につながるのだが…」と書いている(街道をゆく　13壱岐・対馬の道)。「堂々たる他人」とは国同士に限らず友人・夫婦等人間関係にも当てはまる言葉かもしれない。今日、模範にしてきた国がポピュリズムでその魅力を失い、手本もなくさまよえる時代にいる。そして年々挑発的になる気候変動と災害もまた未来への不安を強くさせる。

昔を知る者としては、「〇〇や昭和は遠くなりにけり」という気分であるが、年頭随想は明るく結ばねばな

らないだろう。平成に生まれた若者たちがテニス・卓球・ゴルフ・野球・水泳・サッカー・ラグビー・陸上競技等世界で、一流に伍して気おくれすることなく堂々と活躍しているニュースに日本人としてうれしくなる。司馬さんの時とは違い、若者たちはきっと成熟したいい時代に〝生まれ合わせた〟のであろう。今年は東京オリンピックの年である。昭和生まれの者として、前回の東京オリンピック以上の成功を祈りたいと思う。

（大阪小児科医会会報　２０２０年1月号掲載）

薫習（くんじゅう）

コロナの時代、独りの山歩きではマスクを外して気持ちよく歩けるので、この時代にはぴったしの余暇である。しかもとてもうれしい医学データが発表された。筑波大学の池田朝彦氏らは労働者のストレス対処力が森林散策や緑地散策の頻度が高いほど高くなることを発表している。（Medical Tribune　２０２０・７・16）ストレス対処力は把握可能感、処理可能感、有意味感からなるＳＯＣ（Sense of coherence）のスコアーで評価している。種々の因子を調整して解析した結果、森林散策や緑地散歩の頻度高いほどＳＯＣ総得点が有意に高かった。このことから、森林浴はストレス対処の有効な資源となることが示唆されたと結論付けている。ＳＯＣは首尾一貫感覚と訳されている。軟弱な私がそういう大それたものを持ち合わせているとは思えないが、ぶれない心と柔軟性を併せ持つことは、あらまほしきことである。ＳＯＣを提唱したのは、アメリカの健康社会学者であるアントノフスキー博士で、第２次世界大戦の時に、強制収容所に入れられた経験があるにも関わらず、健康に過ごしている人を見つけたことを機に、強いストレスにさらされても健康を保っている人の共通項を探り、その研究から判明したのがＳＯＣと呼ばれるものだったという。森林浴の医学的効果はすでにナチュラル・キラー（ＮＫ）細胞の活性が向上するとか、ストレスホルモンであるコルチゾールが減少しリラックス効果が認められたなどと数値化され、科学的な評価がなされている。今回の研究は、森林浴が更にストレスに対する対処力も上げるということを示したものである。

森林浴になぜそういう作用があるのだろうか。歩くことにより、セロトニン神経が活性化するとか、植物の発するフィトンチッドにその理由を求める説もあるが、個人的にはＳＯＣをもたらす医学的理由は何なのだろうということに興味がある。森には倒木もあり新たな芽吹きの若木もある。生と死、競争と協調、一瞬と永遠などを含む華厳世界がありのままに調和し現存している。司馬遼太郎さんによれば、日本人の思考法は日本的哲学も含め華厳経に影響を受けているという。「華厳思想にあっては、一切の現象は孤立していない、孤立せる現象など、この宇宙に存在しないという。一切の現象は相互に相対的に依存しあう関係にあるとするのである」（司馬遼太郎　十六の話）。森を歩けばそのような世界の中で五感を通じていろいろな情報が入ってくる。耳には鳥や蝉、渓流、葉のそよぎの様々な音、目には四季折々の色の移ろい、漏れ来る木漏れ日、足には落葉や土を踏む感覚、皮膚には尾根や木々をわたる風、等々。このような環境世界の情報を個々の生物は自分に備わった得意の感覚器官を通して刻々入力している。生物によっては違った世界が広がっているに違いない。そして我々もまたその生態系の一部なのである。華厳思想に言う、すべてが関連している現象から得られる総合的な感覚が人間の神経回路や生体にどのような影響を与えるかを明らかにすることはＡＩ等のテクノロジーの発達した現代でも難しいのではなかろうか。

自然科学での厳密な言語体系で言いつくせないことを、仏教語では薫習と一言で言いきってしまう。辞書によると薫習とは、部屋で沈香をたくと、その良い香りが部屋にいた人の衣服にしみこむことであるが、それと同じように、良い教えが自然に心の奥底にしみこむことも意味している。古来、囲碁や将棋、落語などの芸事は日本の伝統として師弟関係の中で伝わっていくものであった。弟子入りしてもほとんどの場合、師匠は弟子に直接の囲碁や将棋の技術の指導をすることはないという。弟子は才能と努力が必要であるが、そばにいるだけで力をつけていく。家元で育つことも同じような意味であろう。まさに薫習である。一般の家庭でも子育てや家庭教育も薫習なのだという高僧の法話を聞いたことがある。この点において、自らを省みれば慙愧に堪えない。嫌な臭いしか発しなかったかもしれない。環境からの刺激の受容に対して、司馬遼太郎さんは次のような分かりやすい文章で教えてくれている。「教育の場では子どもたちが批判する心を育てなければならないが、同時に尊敬するという心の姿勢も併せ持たさねば健康で堅牢な批判精神というものはできあがらないであろう。尊敬するという姿勢をとるとき、体内の毛穴までが活動し、何事かを吸いとることができたように思える」。現在、ネットの世界では誹謗や中傷ばかりである。大国も尊敬の文字をかなぐり捨てる時代である。情報化が進み、何事も裸にさらされれば、世の中から尊敬という言葉が遠い世界のもののように縮こまっていくのではないだろうか。自分の人生を振り返れば、尊敬できる良き先輩方に出会い、移り香を嗅いだことは幸福な感覚として残っている。

今、健康のみならず現実的に生死の課題が降りかかってくる年齢になった。いつまで山歩きができるだろうか。人間が手にできる時間は現在しかない。だから現在を愉しめない人間は永遠に愉しめないという。今、私にできることはささやかな喜びに感謝しつつ、心や毛穴を開き、山が与えてくれる薫習を受け止めることかと思われる。そうして願わくば、認知症の手助けなしに、死という根源的な哲学課題に対応する力を与えてもらえたら最高なのだが――。

（大阪小児科医会会報　２０２１年１月号掲載）

五十肩考

昨年3月五十肩になった。このありふれた病気も調べてみると、いまだ興味深い問題がいっぱいあるようである。五十肩は、50歳代を中心とした中年以降に、肩関節周囲組織の退行性変化を基盤として明らかな原因なしに発症し、肩関節の痛みと運動障害を認める疾患群と定義されている。江戸時代の俚諺集覧に登場する五十肩が、現在でもそのまま一般的になっている。しかし、この病名では歳を取るとなる病気というイメージしかない。整形外科では、正式には肩関節周囲炎という病名になっている。日課になっていた水泳も腕が引っかかるような感じがしてお休みとなった。ジムのパーソナルトレーナーから肩甲骨が固まって動いていないといわれ、はじめて患部の状況をイメージできるようになった。この点、英語でのfrozen shoulder，あるいはadhesive capsulitisという病名の方が病態を素直にあらわしてわかりやすい気がする。40—50歳の調査では40％というデータがあるが、歳の近い周りの人々に聞いてみると半数ぐらいは経験しているような印象がある。欧米では生涯のうちで経験する人は2～5％である。なぜ日本人はこんなに多いのだろうか。

日本人の筋骨格系の慢性疼痛の実態調査では、腰・頚・肩の順でそれぞれ50％を超えている。猫背・前かがみ姿勢では腰痛借金がたまってくるという（日本医師会雑誌２０２１年10月）。五十肩が日本人に多い理由として猫背を理由に挙げている説がある。加齢によって体幹を進展する筋力（背筋力）が大きく減少するという。猫背では正しい姿勢を維持するための筋肉が弱っていて、肩周囲の筋肉や腱、関節包などに対して、負担が掛かりやすくなるということである。問題は、なぜ日本人に猫背が多いかということになる。俳優・俳人・話芸など多才だった小沢昭一氏が晩年に、これからはこだわりをなくして自然体で生きようと思って書いた本の題名が「背中まるめて」である。日本人や日本文化が作ってきた自己主張を排し、和を尊ぶ社会はこのような言葉に象徴されている。欧米では胸を張り、自己主張しなければ生きてゆけない。ドイツ人の生活を良く知る篠田雄次郎氏（上智大学教授）は「日本人とドイツ人」―猫背の文化と胸を張る文化―という著書で、日本人の猫背は日本人の生活習慣・精神文化に由来していることを指摘している。違いは生活全般においてみられるが、一つの例として夕食風景をあげている。「夕食で、ふつうの家庭では、男はネクタイと上衣をつける。そして食前の祈りを末子が主誦し、まず父親がスープのさじを取り上げる、というのが始まりになっている。静かに会話が交わされる。両親が話題の提供をする。この話題の提供の仕方は、将来、子供が大人になった時のたいへんな勉強になる。食事中は両手はテーブルの上に出しておかねばならない。肘をついてはいけない。テーブルに肘をつくことはヨーロッパでは禁じられている。猫背の日本人がそうなるのは、じつは当然すぎるくらい当然のことだと思う。なぜなら、胸を張っていない限り、両肘はついてしまうものである。…日本では危険が迫ったときに、母親は背を丸めて子供を抱え込もうとするが、欧米では子供を背にして立ち上がるといっている。まさに『胸を張る文化』と『猫背の文化』の相違をあらわしている」。

自分のだらけた姿勢の夕食風景からは窮屈で考えられないものであるが、日本人の箸の文化と西洋人のナイフとフォークの文化も肘をつく姿勢と関係するのではないだろうか。日本人の心情を代表するかのように、司馬遼太郎さんは朝の食堂で不作法な異教徒としてにらみつけられたことを次のように書いている。「ボストンは優雅な街で、がさつな私には、適いそうもない。私の行儀のわるさは天性のもののようである。冠婚葬祭のように来会者のすべてが儀仗兵のように一つの型にはまらねばならぬ場所には、まず背筋肉がもたず、脚がもたず、それよりも前に心そのものがはみ出してしまう。…私の家内も、テーブルについて両肘をついてしまう。これも、天性である」。（司馬遼太郎「アメリカ素描」）

五十肩になって理学療法士から「胸を張って威張るような恰好で歩きなさい、それがいい姿勢です。」と言われた。その通りにすると、ペンギンが歩くような感じになって落ち着かない。意識しないとそういう姿勢は持続できない。形状記憶合金のように普段の姿勢を脳が覚えていて、無意識になると普段の姿勢になる。改まって、気を引き締めるとき、「背筋が伸びる思いがする」という表現は日本人だけがわかるものではないだろうか。もともと胸を張り背筋が伸びていたらそのような表現自体が存在しないであろう。我々日本人が生活習慣の中で作った筋肉と脳の知覚の関係の中で、脳が自然なリラックスした格好・姿勢として覚えてしまっているのである。日本人特有の生活習慣で思い浮かんでくるのは、ピカピカの小学一年生がランドセルを背負って前のめりになって登校する姿である。健気であるが、それは何年も続くのである。あのころから猫背への姿勢が形成されて行っているのではないだろうかとさえ思われる。身体が出来上がっていく小児期~思春期を軽視することはできない。このことはすでに良い例がある。我々旧世代の短足は、畳・正座・ちゃぶ台・座り机といった生活習慣の中で作られた。このごろの若者は椅子・テーブルの生活になり足はすらりと長くなった。日本人の遺伝子が変わったわけではないのである。

私たちは周りで同様の人間を見ているので気が付かないが、G7などの首脳の会合などの映像を見せられると日本人の代表としての猫背の容姿や歩き方の貧弱さに気づかされる。

司馬遼太郎さんは「風塵抄」の中で歩き方に次のように書いている。「英国マナーを身につけたアメリカにおける上層のひとびとはたいてい姿勢がよく、歩き方に威厳を感じさせ、堂々として一個人の容儀をもっている。…（私は散歩時に）しばしば下校時の（高校生の）群れにでくわす。多くの諸君諸嬢の場合、（ガニマタでよたよたと）コロンボ風に歩く。…むろんそれがわるいというのではないが、せっかく学校へ行っているのだから歩き方ぐらい教われればどうだろうかと、ときに思ったりする。…下腹に力を溜めて歩けば、精神の訓練にもなるし、個人としての自然な威厳もでき、娘はまちがいなく何割か美しさを増す」。友人が宝塚音楽学校の女生徒4人が道端を歩いている姿をみて、美しさに感動したと話してくれたことがある。司馬遼太郎さんのせっかくの提言も社会では真剣に取り上げられていないようである。猫背等の悪しき姿勢が子どものころから形成されるとしたら、小児科医・整形外科医・教育関係者は合同して将来の日本人の腰痛・五十肩防止も含め、学会レベルで改善の為の方策を提言すべきではないだろうか。

学生のころ、学生運動に熱心な友人に、これからは実存主義より構造主義の時代だと受け売りの言葉を嘯いていたことを覚えている。しかし本当のところ「本質は実存に先立つ」という難解な哲学の中身など分かるわけもなく、ただ背伸びしていただけだった。思想史の流れの中で「人間は自らつくったところのものになる」と言い、その思想の延長に社会変革を志向したサルトルの実存主義に対して、レヴィ＝ストロースは、「人々は自由に主体的に何でもできるというわけではなく、文化を含めた社会の構造が人間の意識を形づくるのである」という構造主義を唱えたのであるが、日本人についていえばそれぞれの時代の構造が、それぞれの日本人を創ったということであり、日本人の本質というものはないということになる。自分の五十肩からの思索を通して私は、実感としてこの二つの思想に再会したという思いがした。逆に言えば、50年の歳月を要したともいえる。五十肩は6か月ほどで回復し、水泳もセーブしながら再開した。以前との違いがあるとしたら、肩関節で人知れず働いてくれているインナーマッスル群に思いを馳せ、水泳ができるということに感謝する気持ちがより強くなったということである。

（大阪小児科医会会報　２０２２年1月号掲載）

「応酬」に想う

戦闘の応酬が止まらない。戦後に生まれ、平和で右肩上がりの成長の続いたいい時代を生きてきたと思ってきたが、この年になって人類の精神史を逆行するかのような戦争を見るとは思っていなかった。ロシアのウクライナ侵攻後、ミサイル攻撃など生々しい情報をリアルタイムで見せつけられ、さらには食料・エネルギー危機も引き起こし、行く末について世界中で不安が漂っている。応酬は非難の応酬、空爆の応酬などのようにやり返すであるが、加藤徹著「漢文で知る中国」によれば日本語の応酬とは意味用法が違い、『中国語の応酬は交際する、もてなす、礼をもって付き合う、ちゃんと応対する、等の意であり、昔の中国では書状や詩を書いて互いに送りあったり、杯に酒を注いだり注がれたりさまざまな応酬を行った』ということである。私のみならず、日本人のだれでも好きな王維の『渭城の朝雨軽塵を浥し／客舎青青柳色新たなり／君に勧む更に尽くせ一杯の酒／西のかた陽関を出づれば故人無からん』も別れゆく友人のための、「応酬」の情景の中で作られた漢詩だったのではなかろうか。なんと豊かな時代であろう。当時、唐の文化にあこがれた日本にも「応酬」の文化があったのではないかと思われる。江崎誠致著の「宇宙にあそぶ　わが囲碁史」に次のような文章が載っている。『平安時代は遣唐使の派遣によって唐の文化文物が怒涛のように日本に流れ込んできた時代である。

中国における政治家は同時に文人であった。中国では朝廷に仕え官職を得るためには古典に通じていなければならず、詩文が作れねばならず、また書を良くしなければならない。それらの教養を身につけることが、世に立つための条件であり、その水準の高さを、時の秀才たちが競いあったわけで、そうした中で傑出した書を残したということである。唐の時代、琴棋書画が士人の教養科目となっていた。杜甫にも碁の詩がある。菅原道真には賭け碁を打ち、負けたほうが新作の詩を贈るというしゃれた賭け碁の話が載っている』。碁を通じた交友を持ち、しかも、詩を贈る「応酬」という価値をお互いが自覚していなければありえない話である。その後日本では「応酬」の真髄はさらに蒸留され一期一会に昇華したのではないかとさえ思えてくる。一期一会は茶道に由来し、利休の言葉として知られており、中国語にはない言葉だという。茶道は経典のように、この言葉を持ったが故に、いっそう洗練されたのではないだろうか。茶会のみならず、一般社会でも一生に一度のものと心得て、誠意を尽くし臨むべきであるという教えになって日本人の心や文化を豊かにした。応酬が今日のような、やり返すという意味になったのはいつからなのだろうか。現代の中国では「今日、応酬がある」という表現は日本語の接待という意味で使われ、自分の意思にかかわらず、義務的でしんどいイメージがあり、唐代のそれとは違い一般的には良いニュアンスの言葉では無いということである。

今回のロシアの侵略を見れば、関東軍参謀の悪質な英雄的自己肥大のもとに、大東亜共栄圏という美辞麗句を掲げて侵略していった日本のそれと同じだなと思ってしまう。司馬遼太郎さんはその時代を日本史のいかなる時代とも断絶した「異胎の時代」という言葉で表現している。そして『日露戦争の勝利こそ、むこう40年の魔の季節への出発点ではなかったかと考えている。この大群衆の熱気が多量に―例えば参謀本部に―蓄電されて、以後の国家的妄動のエネルギーになったように思えてならない』と分析している（司馬遼太郎　この国のかたち）。人々もマスコミも熱狂していたのである。このことは、今日でも情報を統制された国で見られる通り、同じである。良し悪しは別にして、中国共産党も中華人民共和国も日本の侵略がなければ生まれなかっただろう。ある意味では中国が日本を作り、日本が中国を作ったともいえる。唐代のよき文化を子どものように純粋に吸収し、独自の文化を作った日本と、異胎の時期の日本によって生まれた中国を対比して思えば、感慨が深い。どのような政治体制を持つかはその国なりの正当性があるのだろうが、今の中国を見ていると贖罪感ばかりでなく、気の毒な気もする。中国３０００年の歴史感覚からすれば日本の侵略は過ぎ去った過去の事ではなく、ついこの前の事であり、恫喝や戦狼外交も単なる応酬なのかもしれない。

昨年は世界としては、故エリザベス女王の使ったアナス・ホリビリス（ひどい年）であった。人々の平和や安寧への祈りも空しく、これから世界がどうなっていくのか分からない中、自分に残された短い人生を思えば、個人的には２０２３年も一回きりの貴重な一期一会の年である。リセットして、古典的な「応酬」の気分で新年の酒を酌み交わしたいものである。

（大阪小児科医会会報　２０２３年1月号掲載）

白秋

1974年卒業だから、今年2024年で医者歴50年になる。約50年前は高松塚の極彩色の女子群像や青龍・朱雀・白虎・玄武の四神像の壁画が世に出たころで、日本中が古代ブームで湧いていた。『日本文化のおもしろみのひとつは過去からの連続性が濃厚なことである。』（司馬遼太郎が考えたこと12）と教えてくれているように、現代は古代とつながっているのである。私が人生の季節を表す青春・朱夏・白秋・玄冬というワンセットの言葉を知ったのは、高松塚・キトラ古墳の発掘で有名になった関西大学考古学の網干教授からであった。壁画の四神にはそれぞれ司る方位、季節、そしてその象徴する色などがあることや「暑中見舞いの最後に○○年朱夏と書くとかっこいいですよね。」と知をくすぐるような話を面白く聞いたことを覚えている。振り返れば、サブスペシャリティとして小児がん診療の中で忙しい日々を送っていたそのころが私の人生では朱夏にあたる。今年、後期高齢者に入れられ、白秋の真っただ中にいることになる。現代では青春・朱夏・白秋・玄冬のうち青春だけが普通に使われている。今でこそ青春という言葉から日本人の誰でも共通するイメージを思い浮かべることができるが、それが定着しだしたのは明治になってからで、夏目漱石の小説「三四郎」の若い情熱にあふれる様子を「青春の血が暖かすぎる」と表現している文章以降の事であるという。青春という陰陽五行説由来の言葉は昔からあっても、それに伴う新たなイメージが一般化するには明治以降、今日まで約百年を要している。身近に常時飢餓があり、生きることが精一杯で平均寿命も短かった近代以前、ほとんどの若者や人々にとって青春という言葉も現代人の持つ青春のイメージもなかったに違いない。衣食住の安定する社会条件のもとで新たな意味は付加される。最近では中高生のほのかな恋心を表すような青春（あおはる）というマンガチックな言葉も派生的に出現し、日本語も進化してきている。平和なればこそである。今日、世の中の価値基準として、青春や若さ至上主義が幅を利かし、若作りやアンチエイジング志向（悪いことではないが）も盛んである。誰にでも青春は懐かしく思い返されるものだが、若者だけの特権ではないと年老いたものは言う。サミュエル・ウルマンの「青春」という詩の『青春とは人生の或る期間を言うのではなく心の様相を言うのだ…年を重ねただけで人は老いない。理想を失う時に初めて老いがくる…』という詩句に触発された壮年や老年期の元気な実業家による「青春の会」もあるそうである。これも心理的には青春至上主義からきているように思える。出典を忘れたが、107歳まで生きた清水寺管主大西良慶氏（1983年当時男性長寿日本一）は、人生でいつが一番良かったかという質問に、70歳代と答えている。最近、周りを見回しても人生百年時代という言葉が現実味を帯びるようになってきた。人生百年の時代は人間の歴史始まって以来の出来事である。五木寛之氏によれば、50～75歳あたりを白秋期と呼び、この時期は人生の収穫期であり、青春よりも価値のある人生の黄金期だということである。さまざまな経験も積み、社会的責任から自由になり、周囲を眺める余裕もあり、無駄なエネルギーを消費せずに、合理的に冷静に歩いていく時期である。人を驚かせるような目立ったことをするのではなく、自分自身のために使って充実して生きることを勧めている（五木寛之　白秋期）。有名な詩人の北原白秋は16歳時に白秋の号を用い、57歳で死亡しているが、おそらく16歳時にはこの稿でいう白秋の意味を知って使ったのではないだろう。ちょうど明治になって、青春に日本人共通のイメージが与えられたのと同様に、人生百年時代になって日本人は白秋に新たなイメージを付加して意識する時代になってきたといっていいのではないだろうか。アメリカの友人に英語で白秋に相当する言葉があるかと尋ねたが、autumnを人生の黄昏とするイメージが一般的で、それ以外にはアメリカンドリームの達成者のように財を成し、大きな家に住み、孫に囲まれた生活ができることをautumnal / harvestというそうであるが、映画のゴッドファーザーの風景を思ってしまう。五木寛之氏の言う白秋期のイメージとは違う。人それぞれイメージは違うのかもしれないが、私には身体に旬がある青春に対し、心の旬としての白秋を思い浮かべる。とはいえ、人生経験や知恵が黄金期を作るかと言えば私の場合、お恥ずかしい限りである。むしろ白秋期になれば自分の終着駅が視界に入り、死を意識することが青春との違いではないかと思う。その視点からみれば一瞬が貴重に思え、いろんなことがより美しく見え、違った意味も見えてくる。司馬遼太郎さんも「年をとると不易なものに安堵を覚えるようになりますね。自然が身にしみて美しいと思えるようになるとともに世々に生きた人たちに人としての魅力を一入感ずるようになります」と書いている。概して人は自分の体感・経験でしかものを考えることはできないものである。仰ぎ見て遥かな人生を有する若者には、死を自分の事として意識するような視点は実感としてない。劇作家のバーナード・ショーは、人生の華というべき青春を浪費しているとして、『青春？若いやつらにはもったいないね』と言った。若さゆえの挫折・失敗は人生にはつきものである。経験と知恵を持ち、身体の旬の青春を過ごせるならそれは最高の幸福であろう。しかし、若者にノーベル文学賞者の知性を求めるのは酷というものである。この言葉からすれば、バーナード・ショーも青春至上主義にとらわれているように思える。日本人が秋ばかりでなく白秋という言葉を持ったことは幸せなことである。もし西洋が白秋という言葉を持っていたなら、若者には「青春を謳歌したまえ、そして青春よりもっといい黄金期の白秋がある。そのためにこれからの日々を無駄にしないで過ごしなさい」と言ったかもしれない。

転じて世界では社会の分断・戦争・災害・食料／エネルギー危機・金融不安など、人間を取り巻くシステムそのものが劣化・崩壊していくようで未来の姿は全く見えない。そのうち自分達もそれに覆われてしまいそうな不安な気分もあるが、個人的には残り少ない自分の白秋期を楽しみたいと思うばかりである。そのキーワードはソロ立ち、ほどよい孤独、こころの自由であろうかと思われる。

（大阪小児科医会会報　２０２４年1月号掲載）

而今慈時（じこんじじ）

日本酒を自慢にしている居酒屋で、お勧めを頼んだら而今という冷酒を出してくれた。ネットで調べてみると、通の人の中では有名であるらしく『「而今」は厳しい審査で知られる全国新酒鑑評会において金賞に選ばれた評価の高い三重県の日本酒で、数量限定の手作りのため市場に出回りにくく入手困難で、香りと味の素晴らしさは折り紙付き』とある。而今とは、単に今日とか現今という意味であるが、道元の正法眼蔵で禅語になれば哲学性を帯びる。「いのちは今しかなく、人の生き方というのは、この今が重要だ」という意味だそうである。囲碁の本因坊などのタイトルを併せ持つ、一力遼棋聖が色紙にこの言葉を書くのを見たことがある。この言葉を座右の銘にすることで、真剣勝負の囲碁の一手一手の中に過去や未来にとらわれず、現在に集中しようという意味が込められているのであろう。今、まさに、この現在を生き切るという道元の禅語には刃先を渡るようなキリっと引き締まった厳しさがあるが、私も残り少なくなった人生を感じる年齢になり、この言葉が余計に身に沁みる。歌人、吉井勇の句に「生きてあることのうれしき新酒哉」がある。一人で酒を飲むときは、そこには酒とただ今のありがたい一瞬があるのであり、この句を味わいながら飲むのがいい。十数年前、医者仲間の囲碁旅行でポーランドを訪れたことがあり、そのことを囲碁雑誌にエッセーにして書いたことがある。『ポーランドでの最後の夜、みんなそろって夕食をすませてからホテルへの帰り道、見上げると三日月がワルシャワの街を照らしていた。「おそらくこの街を二度と見ることはないでしょうね。」と私は正岡先生に尋ねた。先生もそう思っていたようだった。歴史の重さの中で人の命の短さを感じたのか、美しい街がロマンティシズムを刺激したのかわからないが、「いのち短し恋せよ少女、朱き唇　褪せぬ間に　熱き血潮の　冷えぬ間に、明日の月日は　ないものを」の歌詞とメロディーがレコードのように頭をぐるぐる回った』。この稿を書いて知ったことだが、このゴンドラの唄の作詞も吉井勇だった。名家の出の吉井勇は放蕩し、実家の財産を食いつぶしたらしい。新酒の句も、祇園あたりで舞妓や芸妓を前にして詠んだ句のイメージしか浮かばない。しかし、放蕩の一方で、常に而今を感じていたに違いない。そうでなければあのような詩句はでてこないのではないだろうか。考えてみれば、放蕩の限りを尽くし、たくさんの金を使い、この句や唄を残してくれたのである。この年になると放蕩のことよりも、―そのおかげで私どもは金を費やすこともなく、無料で「而今」を詩的に感じることができる―と思えるようになる。

これからの自分の人生のテーマは而今である。それは無理をせず、等身大の自然体で残った時間を慈しみつつ丁寧に生きることだと思う。終活とは身辺整理のことばかりではなく今を十分に楽しむことであると思う。酒も気の合った人たちと飲み、気の合わない人と飲む時間は必要ない。自分の人生テーマのために、自分勝手に時を慈しむと付け加え、語呂がいい四字熟語にして、而今慈時と唱えている。実際のところ、nativeの中国語教師によれば、中国語としては私が思う意味とはかけ離れためちゃくちゃなものらしい。まあ放蕩などとは無縁の金のかかっていない自分だけのための造語だから世間には害毒にならないだろう。

司馬遼太郎さんの奥さんの福田みどりさんが司馬さんを偲んで書いた文章の中に、「よき別れのためにそれらの日々があったのだ。」というのを読んだ覚えがある。そう、私の而今慈時もこの美しい山河や縁のある人とのよき別れのためなのである。

セミリタイアしてからのことであるが、いつごろからか映画の楽しみを知った。DVDなどでいつでも見られる時代だが、本を買ったらそれだけで読んだ気分になる積ん読と同じで、映画は映画館で見るに限る。毎週日曜日は朝一番の映画を観て、すぐその足で電車に乗り山に向かう。駅直結の映画館があるから可能なのである。山の後は銭湯や一杯飲み屋が待っている。一日が2倍になった、得した気分になる。これも私の而今慈時である。今は多くの映画が作られている。毎週のように選んで観ているが「よかったなあ」と思う映画はあまり多くはない。映画監督は一生懸命作っているだろうが、いい映画に当たるにはたくさん観るしかないという。その中で昨年（２０２４年）私にとっては初めてのことであるが、２週続けてもう一度観に行った映画がある。「Perfect days」である。役所広司扮する寡黙な主人公が、毎日の公共トイレ掃除をこなしながら、木を愛し、銭湯や居酒屋など日々の繰り返しの中にある一つ一つの小さな喜びを掬いとるように淡々と生きているという映画である。主人公は「今は今、今度は今度」と口癖のように言う。昼食を公園の木陰で食べながら木漏れ日を見上げ、一瞬一瞬の変化を楽しんでいる。その木漏れ日を何かの象徴のように何度も映し出している。きっとそれは而今を表現しているのだと、あとで監督の意図をわかるのである。木漏れ日に相当する英語はないそうである。映画の監督がドイツ人であることも驚きでもある。主人公の淡々とした生きざまを「Perfect days」と映画の題名にしてあらわしている。若者にとっては面白くもない映画かもしれない。しかし、それは今の私への応援歌のようでもあり、じわじわと良さが後でわいてくるのである。アカデミー賞を総なめにした「オッペンハイマー」はスケールが大きい映画であった。製作費も相当だったであろう。ノミネートされ、その映画とアカデミー賞を争ったという「Perfect days」は静かさや心の平和を表現し、はるかに少ない製作費のコストパーフォーマンスを考えると、賞を逃したとしても十分に称賛されるべきものである。余計なことかもしれないが、もしも私が「Perfect days」にサブタイトルをつけるとしたら、而今慈時がいいのではないかと思う。酒飲みも多くは年をとると飲めなくなってしまうようである。時は待つことはない。而今慈時である。２０２５年もおいしい酒と吉井勇の句を味わいつつ、よき日々を過ごしたいものである。

（大阪小児科医会会報　２０２５年1月号掲載）

世界囲碁旅行

序文・世界囲碁旅行

囲碁は大学に入って友人と始めた。腕はなかなか上がらなかったが、50年続けて来ているというのは碁そのものがとても面白かったからであろう。私にとっては趣味の碁があったことが、忙しく、時にはつらい小児血液腫瘍の診療を長く続けてこられた理由のひとつであったと思う。精神的に気分転換ができたばかりでなく、多くの人々ともめぐり逢えた。外国旅行も好きだったが、現地の人と囲碁を楽しむことは、本当におすそ分けしてあげたいような喜びであった。今となっては一緒に行った仲間も年をとり、体力的にも気力の上でも世界囲碁旅行に出かけて行くことはできなくなってしまっている。囲碁旅行のその都度書いたエッセーも、今では私にとっては濃密な思い出の一つ一つがそれぞれひとかたまりとなって、自分の分身のようにも感じられる。第一部の樹木を通して自分の心の内を語るのと同様、碁を通して私を語るという意味でもこの欄を設け、これらが迷子にならないように、エッセー集に入れてもらうことにした。私の中ではこれらのエッセー達も思索としては同じ仲間だからである。

ニュージーランドの碁

私の友人を訪ねて年末から正月の休みを利用して、ニュージーランド（NZ）へいくことになった。正岡徹先生は2年前、囲碁のグループでNZを訪ね、むこうの碁キチと対抗戦をしている。私は正岡先生にそのときの碁の相手を教えてもらい、NZで碁を打ちたいと思っていた。行く前にE—mailで連絡をとると1月1日にホリデイハウスに来ないかと誘われた。

NZの碁打ち（Go playerといっている）はオークランドで10人くらいが常連で、週一回水曜日に集まって、夜7：30から10：00～11：00頃まで碁を打つそうである。仕事が終わって家に帰り、デイナーを家族とすませてから碁クラブにいくそうで、そこが日本とは違っている。週1回が精一杯でそれ以上は奥さんが許さない雰囲気があるようである。いつも5～10人があつまるそうである。最近は中国人や韓国人の移住が増えてきたそうでNZのチャンピオンの座は彼ら東洋系のプレイヤーにゆずっているそうである。日本人も８００人くらいいるそうである。

さて、1月1日スチーブ夫妻に車でひろってもらい、一緒にコリンさん（碁歴20年）のホリデイハウスへいった。オークランドから北へ車で2時間くらいのマンガワイヘッドというところにある別荘である。ビーチまで歩いて50メートルくらいの素晴しいロケーションにあり、ビーチは全くの自然がそのまま維持されている。4年前に買ったとき2000万円くらいが今は倍になっているそうである。日本だったらどれくらいの価値になるだろうか、想像もつかない。スチーブ（37歳、数学を専攻、現在保険会社で働き10年の碁暦でコリンに6子といっていた。）、ローマン（ポーランドから10年前に移住してきた。碁暦20年。）マイク（スチーブに2子）の4家族が集まった。正岡先生の遠征の写真ではプラスチックの碁石と容器を使っていたのを見ていたので、私はガラスの碁石と栗の碁笥2セットをお土産に持っていった。いい道具を持つとそれだけで強くなるという日本のことわざがあるからといってプレゼントするととても喜ばれた。広い敷地（400～500坪はあるだろうか）の芝生にパラソルを張って、その日陰でランチを食べ、そのあと碁である。奥さん方はビーチに水泳に出かけたりしていた。こういうところで碁を打てるというだけでどんなに幸せな気分になるだろう。コリンさんは4段といっていた。正岡先生の話では日本の段はNZでは2～3段おとす必要があるとのことである。お互いの力量を判らないまま、ニギリで始まった。私はいつも模様の碁なのだが、コリンさんはじめNZのプレイヤーはみんなしっかり地をとる碁だった。コリンさんは私が模様形成にケイマにかぶせたところをぶつかって切ってきた。力の強いケ

コリンさんとの囲碁対局

ンカ碁だと思った。そこの折衝で私はシチョウで捕られる手を見逃していて、かわりにかろうじて後手で模様を張って収拾した。序盤で遅れをとった。それからもおもいっきり模様をひろげてみたが、地を稼がれて、10目程まけていた。数え方は中国式であった。二人の碁をみんなが見ていた。次ぎにコリンさんが自分より強いと話していたローマン氏と打つことになった。彼も数学者で俳優にしてもいいくらいの端正な顔をしている。その分北欧やロシア人の理論家のもつシニックな雰囲気がある。私が先で打った。この碁も模様と地の碁になった。私は甘くなっていると思いながらもその方針を続けるしかなかった。そのうち彼はコリンさんとの碁を見ていたので私をひねりつぶしてしまおうというかのように強引な手を打ってきた。私の模様の中でケイマに打った彼の石が切り離されて、急に苦しくなった。彼は苦しみながら切り離された石を生き、生きたかわりに本体のほうが一眼しかなくなった。私はそれを攻め続けて、おそらく勝利するだろうと思った。そして途中で夕食になりビールを飲みながらみんなと話をした。別荘に招くといっても彼らは自分の家を綺麗に掃除するとか、おいしい料理でもてなすということはしない。碁を打ち、ビーチにいき、話をしてエンジョイするだけである。私のほかに碁の仲間が4家族、碁以外の家族が1家族、ワイワイいって楽しんでいる。彼らが早口でしゃべっていると何も分からない。政治の話やら経済の話やらあちこち話題が飛んでいるなあということぐらいがわかるだけである。私はビールを2本飲み、いい気分でローマンとの続きを始めることになった。ローマンは自分の目のない石を生きるために私の石を攻めてきた。そしてそれがコウになり、私はコウを打ち抜き、はじめにもがいて生きた石を殺した。しかし早く楽になろうとしてコウの解消が早すぎた。結果として私の別の石がコウになり、別のところを大きくとられることになった。形勢逆転である。私は全部の石が死ぬか、刺し違えるかの方針をとり、また別の石とのおおきなコウになった。そしてこのコウ替わりで大きな被害をこうむることなく終局した。10目くらい勝っていた。むろん5回打ったら、1回勝つくらいの手ごわい相手だっただろうが、幸いその勝利の賽の目が1回目に出たという幸運があった。ローマンとの碁がコウに次ぐコウの刺激的な戦いだったので、みんなおもしろがって見ていた。ローマンに勝ったことで、その後の私を見る目が少し変わったように感じた。その後は結局コリンと1勝2敗、スチーブとハンディを一目ずつ増やしながら対戦し4勝1敗だった。スチーブはこのメンバーの中で一番若く、熱心だからすぐに強くなるだろうと思った。最年長のマイクはスチーブに二子で打っていたが、4—5局負けてかえっていったので、彼とは打つ時間がなかった。

夜11時ごろ、コリンさんが星空がきれいだからといってビーチに連れて行ってくれた。砂浜に寝転んで私の少年時代に見た満天の星空を見上げていた。南十字星も初めて見て感激した。日本人にとって見ることのできない南十字星は特別な思いがあるのかもしれない。すこし左に傾いたひし形をしていた。そして経済発展の中で多くの自然を破壊していった日本と、NZで暮す人々との精神的な満足度に大きな落差を感じた。コリンさんに「NZに来て日本の貧しさがよく分かりました。」といったら「君の言う意味はよくわかるよ。」と彼が言った。彼の親切が身にしみて月明かりの中の暗がりで少しセンチになった。

コリンさんは碁仲間のまとめ役で親切で陽気である。2歳と2ヶ月の二人の女の子供がかわいくて仕方がないといった様子でよく遊んであげていたし、自分も楽しんでいた。それに比べると日本の父親は子どもとの遊び方を知らない。もちろんそのような場所がないというのも原因のひとつであるだろうが——。2歳のシェボンちゃんは賢くて、コリンさんはそのうち碁を教えるといっていたので、きっと碁が強くなるだろう。私もその上達が楽しみである。

次の日も碁を打ちビーチで遊んだ。ホリデイハウスからの帰りにスチーブ夫妻が夕食に誘ってくれた。しゃれたレストランでワインや魚介類が美味しかった。私はコリンさんもスチーブさんもそれまでは全く知らなかったのであるが、碁というものはすぐ友達にしてくれる。ありがたいものである。自然はいいし、ワインや魚介類も美味しいし、さらに碁の友人もいるとあってはNZにはこれから何回も行くことになるだろう。何しろ日本の２／３の国土に４００万人という人口である。碁を打つ人は少ないが、その分彼らも碁には飢えているようでもある。碁を打つ人でNZへいくときにはコリンさんに声をかけることをお勧めする。彼らもwelcomeである。

本文は行く前に正岡先生にニュージーランドの碁をレポートするようにと命令されてのものである。正岡先生のおかげで報告書を書く苦痛の何倍もの喜びがあったことを記して感謝したいと思う。

（２００４年）

リトアニア囲碁旅行記

きらきら輝く目、人も街も美しい

外国旅行に碁が組み込まれ、そして気の合った人々と一緒となれば私にはこんな楽しい旅はない。正岡徹先生をリーダーとするこの旅行は毎年、場所をちがえもう12回を数えている。私は以前から誘われていたが、仕事の関係で参加できずいつも残念な思いをしてきた。

今回バルト三国のリトアニアとラトビアへの旅行にやっと参加できることになった。碁を打つ者はそれぞれ初段から7段の11名、夫婦同伴も入れ総勢19人のグループである。

『坂の上の雲』を読みながら

それぞれが碁の他にもいくつかの趣味を持ち、この旅に参加している。絵、写真、ゴルフ、乗馬、カジノ、蝶の趣味などなかにはプロ並みの腕を持っている人もいる。私の旅における趣味と言っていいのか、楽しみはその土地に関係した本を旅しながら、その土地で読むことである。いつも司馬遼太郎さんや塩野七生さんの本などは最高である。

我々が中学生で習う歴史のうちバルトの国々と日本の関係することは2つある。一つはモンゴル帝国が元寇として日本に攻めてきた頃、大陸の西の果てバルトの国々の近くにもモンゴル帝国の部隊が同じように進出していたことである。ヨーロッパ人は彼らをタタールと呼び、非常に恐れたそうである。お互いにそのことを知りはしないが、ユーラシア大陸の東西で同じようにおびえ、戦っていたのである。そのことを想像するだけで、遙かな気持ちになる。2つ目は日露戦争である。

それで今回持って行った本は司馬遼太郎さんの『坂の上の雲』であった。日本の国運をかけて戦った日露戦争の物語である。物語のクライマックスの日本海会戦で全滅するロシアのバルチック艦隊はラトビアのリバウ(現リエパーヤ)を1904年10月に出航している。そして7カ月かけてアフリカを回り、へとへとになって対馬海峡にやってきて、それを遮るようにT字に布陣した日本艦隊の前に全滅するのである。1905年5月のことである。全8巻のうち6巻までは日本で読み終えていた。残り2巻が旅の友となった。

子規の同族、正岡徹先生

この本の前半は正岡子規の物語である。子規の俳句に「淋しげに柿食うは碁を知らざらん」というものがあるところをみると、子規も正岡先生同様、相当の碁好きだったようである。また、子規のことをよく知っている同時代の夏目漱石は「何事にも大将にならねば気が済まない人」と評しているが、正岡先生を見ていると、将たる器の血というのは確実に遺伝するものだという気がする。今回選んだ本に関係して、子規と共通の先祖をもつ正岡先生と一緒というのも不思議な縁である。

反ロシア共同戦線

バルトの国々はちょうど日本に４つの大陸プレートがぶつかって地震を引き起こすように、地政学的にはロシア・ドイツ・ポーランド・スウェーデンなどの強国の力が集中しているところである。あの時分、戦争をし、勝ったあとは土地を巻き上げるのが列強の常であり、バルトの国々やそのまわりの国々は大きな被害を被っていた。ロシアはその点嫌われ者であった。

どの国も反抗しようにもできなかったことを極東の名も知らぬ日本がロシアに戦いを挑んだのである。日本にとっては朝鮮や満州における支配権をロシアと争ったというよりも自衛の必要に迫られての戦いであっと司馬さんは書いている。ロシアの皇帝は支配した異民族を徴兵しその血で自分を守り、自国の支配権を広げた。バルトの人びともまた徴用されバルチック艦隊に乗せられ多数が亡くなった。ロシアの爪牙にさらされたこれらの国々は心情的に日本の味方であった。

そしてこれらの国々での反抗と革命の気運が日露戦争の終結に幾分かの役割を果たした。したがってバルトの国々も日本との目に見えぬところで共闘していたともいえなくはない。日本は海戦の現場において死者や捕虜に対して礼を尽くし、その点でも世界の称賛を勝ち得たという。司馬さんによれば明治国家のもと国民の無邪気な随順心の上に成立しえた歴史的にも稀有な戦争であったという。

ユーラシア大陸をまたいで

バルチック艦隊が丁度100年前、7カ月かけてたどり着いた旅を、飛行機は会戦の行われた日本海、旅順、二〇三高地の上を経て、今やわずか10時間で飛び越えている。私はそのロシアの上空を飛ぶ飛行機の中で持参の2巻全部を読み終えた。読み終えたとき、ちょうど節目の100年という不思議な巡り合わせとユーラシア大陸をまたぐ途方もない時空の感覚が読書後のさわやかな心地よさと入り交じってなんともいいようのない感慨に包まれた。

そしてエコノミークラスの席ながら深々と腰を沈めるような気分の中で目を閉じた。頭にはいろんなイメージが駆けめぐった。ビリニュスの空港にはリトアニアの幹事役であるオラフ・マーチンさんが日本語で碁と書いたプラカードを掲げて迎えに来てくれていた。

可愛い女児とも対局

さて、囲碁の方である。リトアニアではオラフさんが子供たちに碁を教えている。彼によれば囲碁は子どものコミュニケーションの手段として、そして集中力を増すことによいということで教えているといっていた。わたしも同感である。週1～2回、1～2時間教えているそうである。ずーと囲碁をつづけるのは教えた子どもの6％ぐらいとのことである。首都であるビリニュスの街から80キロ離れたところからも子供たちが30～40人集まって私たちと対局した。

10級以下の子ども達とは九子局でやったが10級といえども局所の読みはあまり変わらないのではなかろうか。私たちが勝つには手筋を連発し、先手をとり、全体構想の中で勝つしかない。デジタルに対しアナログで対抗する感じである。必死にくらいついてくるのに対し、こちらも必死になってやるものだから、九子局といってもとても充実感のあるおもしろく楽しい対局となった。10級は日本の5級ぐらいに相当するのではないだろうか。さらにまだ幾分かの幼さとはにかみを残した目の輝いた15～16歳の可愛い女の子と真剣に対局することのうれしさは我々メンバーだれもが持った思いであろう。

リトアニアでの囲碁対局

夜は近くのTABERAというレストラン兼囲碁クラブみんなで歓迎のパーティが開かれた。オラフさんの挨拶のあと、正岡先生が「今日愛らしい子どもたちとも囲碁を打ち、友達になりました。あなたの友達もまた私たちの友達です。この中にいる人、あるいはあなた方のお友達、いつか日本に来て下さい。私たちはいつでも歓迎します」という挨拶があり、みんなで乾杯をした。そして彼らはリトアニアの民謡や国歌を歌ってくれた。返礼に日本側も日本の歌を歌ってかえした。歌は荒城の月、さくらさくら、椰子の実だった。もっとポピュラーなものも歌おうと言ってスキヤキソング（上を向いて歩こう）を歌ったが、リトアニアでは知られていないようであった。パーティも終わり、腹も満腹になってから、またそこのクラブで囲碁である。

リトアニア・チャンピオンと

結局、次の日も観光そっちのけで囲碁三昧であった。リトアニア・チャンピオンのアンドリウス・ペトラウスカスさんとは1勝1敗、5級のボーリング君（16歳）には7子で負けたので、6、5子局と石を減らしながら打ったが完敗だった。ペトラウスカスさんは今年の世界アマ囲碁選手権に来るそうである。大会での健闘と日本での再会をみんなで期待している。結局、私は互先～九子局を計16局打ってして10勝6敗である。若い子ども達の囲碁歴は1～2年と短いが実にしっかりとしており、1年後に再対局したとしたら4子くらいは確実に強くなっているだろうと思った。

世界遺産の美意識

ビックリしたのが碁石と碁笥であった。石はしっかりしたプラスッチク様のものでできており、ヨーロッパ共通のものだそうである。碁笥は日本のそれとデザインは同じでクリスマスの木でおなじみのモミの木でできており、自国の子ども玩具メーカーが作っているとのことであった。そして蓋がきっちりはまるようになっており、ひっくり返しても石がこぼれないほどの機能性を有しているのである。日本のそれはかぶせるだけの機能しかなく、よく持ち運びのときに石がこぼれるのが不便である。その点リトアニアのそれはさらに進化している。伝統的な木工技術をもつこの国ではそのくらいのことは簡単なことなのであろう。他の国ではタッパウエアーのようなプラスチックの容器を使っていたので、このような点からも囲碁に対する愛や彼らの美意識を感じた。

観光にはあまり出かけなかったが、世界遺産になっているこの街は、ざわついたアジアの混沌とは対照的な静かな精神の深さを持っていた。ホテル近くの教会から聞こえてくる鐘の音、ゆったりと曲がった石畳の道に沿って立つ薄茶やクリーム色の柔らかいパステル調の色彩を主体とした建物――それらまわりの穏やかな環境がここに住む人びとに知らないうちに精神の落ち着きと美意識を与え、街と人との良き関係をお互いが持続的に作り続けているように思えた。第二次世界大戦後もナチスのあと今度はソ連の支配下にあって、それ以前と同様私たちの想像を超える多くの苦難があったようである。ソ連から独立してまだ15年と短いが、再び独自の道を歩み出したこの国の精神や美意識はしかしながら、ずーっと昔から連綿と続いてきたのである。明治のころの日本が持っていたような何か素晴らしい大事なものを他国の支配の下でそのまま冷蔵庫で大切に保存してきたのではないかという思いがした。

世界遺産になっているリトアニアの
首都ヴュリニュスの街角

日本に好意的な国

きらきらと輝く目をした若い子ども達と碁を打った経験から、国の自由を勝ち取った今、リトアニアは囲碁のみならずいろんな面で発展するだろうと思った。担保もない新しい起業家にその意気に感じてお金を貸すバンカーの気持ちとはこんな気持ちではなかろうか。人道的な立場からビザを発行しナチの迫害から多くのユダヤ人を救った外交官の杉原千畝氏のエピソードのこともあり、リトアニアは日本に対して好意的である。しかし、その気持ちはもっとさかのぼって100年前のあの日露戦争のころから引き継がれているのかもしれない。またいつか訪れたい国である。そして美しい娘さんに成長し、碁の腕も一段と強くなったあの子ども達とまた打ってみたいものである。

（2005年）

ポーランド囲碁旅行

私もその一人であるが、多くの平均的日本人はポーランドについてよく知らない。しかし、アウシュビッツの重たい歴史の印象が強すぎて、ポーランドという国の名前自体に何かしら悲しみと憂いの響きを感じてしまう。今年はそのポーランドに碁を打ちに行くことになった。切符が取れないため、平野正明プロ６段とアマの12人、夫人同伴も含め合計19人が４つのグループに分かれ三々五々現地集合ということになった。ゴールデンウィークのため飛行機は満席だった。私たちの旅行目的を聞いて、スペインへ気ままな一人旅をするという隣席の中年男性は、インターネットで居乍らにして外国人とも碁が打てる時代にわざわざ碁を打ちにヨーロッパに行くことの愚かさと、物好きさ加減に長嘆息した。ポーランドでは日本からアマのみならず、プロも一緒に来るということで、囲碁仲間は国中から集まってクラクフとワルシャワの2ヵ所で大歓迎の碁会が準備されているとのことであった。日本から直行便がないため、待ち時間も入れての18時間は少々くたびれた。最初の街、クラクフではポーランド在住で昨年のポーランド囲碁チャンピオンである羽生浩一郎さん（４段）がお世話をしてくれた。話を聞いていると34歳になる羽生さんは私と同じ鹿児島県出身であった。生来、他人と同じことをするのがいやな性分で東京では住みたくないと思い慶応大学を卒業したのち、すぐにポーランドへやってきたそうである。10年前のことである。選んだ国がアメリカなど、我々からしたら一般的な国ではなく、ポーランドだったというのも他人と同じのがいやという強い意思を如実に示している。ある意味では子どもの頃の純粋な精神を都会の空気に毒されることなく保ち続けてきたというような気がする。そして今はポーランド人女性と結婚し、7歳の男の子がいるそうである。生き方も風貌も夢を食って生きているというバクを思わせる感じである。司馬遼太郎さんの紀行文には人間的魅力のあるガイドが登場し、作品にスパイスのような薬味をつけることがよくある。司馬遼太郎さんにはポーランドの紀行記も書き残してもらいたかったものであるが、もし司馬遼太郎さんがポーランドに来ていたら彼はそのようなガイド役にぴったりではないかと思われる人物である。このような人が仕事の傍ら、新たな組織づくりをし、若者に碁を教えているのである。若者たちの彼へのまなざしは単に囲碁のリーダーとしての碁の強さばかりではなく、彼の人格への尊敬のまなざしだった。日本とポーランドの架け橋としては外交官以上の働きである。今ではめったにお目にかかれなくなったが、彼のような性格の男を鹿児島では「ほりえもん」ではなく愛を込めて「ぼっけもん」と言っていた。大義のためには損得を考えずに命懸けで行動し、しかも皆に愛されるおおらかな男のことである。本を読む限りにおいては明治維新前後に活躍した薩摩の志士たちはそのようなものが多かったようである。私は同郷人として、こういう人に会えただけでもはるばる遠いところをやってきた価値があったかなと思った。

中世、ポーランド王の居城であった古城、ヴァヴェル城を望むヴィスワ川の対岸に日本美術技術センターが建っている。このような最高のロケーションに日本文化の発信のセンターがあること自体、ポーランドの日本に対する親近感が現れている。ここで日本―ポーランドの囲碁トーナメントと銘打って碁会が行われた。碁会には100人余りが集まっていたが、驚いたことにポーランドの碁打ちはみんな10―20代の若い人たちだけだった。さて、囲碁の試合は一試合ごとにコンピューターで組まれ、実にうまく運営されていた。日本のそれと比べると数段先を行っているという感じである。私は日本の段位の5段から2段に落として臨むことにした。相手が級であるといった格下の感覚で打っているとひどいことになる。下手打ちのうまい正岡6段（ヨーロッパ4段で登録）でさえも4級に4子局を負けたといっていた。このことから、控えめに見てもポーランドの4級は日本の2段ぐらいに相当するといっても過言ではない。ポーランドの若者たちの碁は概して布石は悪くても後半戦が非常に強い。さらに大差で負けていても投げることなく粘り強く打ち続ける。文化が違えば潔く投げるということへの美意識には何の価値もないかのようである。彼らにとって、むしろ粘り強さという精神が美意識であり、それはこの国の歴史から育まれ、かつそのような精神がポーランドの歴史を作ってきたのではないかと思われる。根負けして日本側が負けるというパターンが多かったが、リーダーの正岡先生は実戦不足の行儀のいい日本の碁が荒っぽいハンマーパンチにやられたのであると分析していた。そういうタイプはプロの最も得意とするところである。彼らはプロにはことごとく討ち取られていた。私は1級から2段と互戦で対戦し、ポーランドでの公式戦は合計で3勝4敗、自由対局（friendly gameと言っていた）は1勝3敗と負け越しだった。

試合の合間に日本語を習っているというポーランドの若い人たちが自分たちの名前を漢字で書いてもらうことを望んだ。紫瑠美亜（シルビア）などと雅字を連ねた名前を書いて、その意味を教えてあげると非常に喜んでくれた。彼らにとっては漢字の名前はかっこいいのかもしれない。

碁会が終わったら夕食へ出かけるときが観光のひと時である。クラクフは京都に相当する古都である。戦争による破壊を免れ中世の街並みを残している。新緑の美しさに彩られ、建物や石畳の街路が人間に優しく柔らかな感じがする。中世とは暗黒の時代というより人間的な時代であったのではないだろうかという思いがよぎった。

旅の後半はクラコフから列車で移動したワルシャワである。車窓には日本の富良野で見られるようななだらかな丘の美しい田園風景が延々と続いていた。豊かな穀倉地帯は垂涎の地であっただろう。ポーランドはロシアやドイツに度々侵略・隷属させられてきた。他国を切り取って分割するなどという大それたことを当然と考えていたような野蛮な思想が、一国の指導者の頭脳の中についこの前まで存在していたのである。司馬遼太郎さんは「坂の上の雲」の中でロシアとポーランドの関係を日本と朝鮮の関係にダブらせて次のように書いている。すなわち、「古い時代日本は朝鮮を通じて大陸文化を受容し、朝鮮が日本の師匠であったが、いち早く近代化した日本が朝鮮を隷属させようとし、両国の関係に悲惨な歴史をつくってしまった。同様にポーランドの場合も西方のゲルマン文化を東方のロシアに受けわたす役割をし、そして中世に高い文化をつくりあげたため民族的自負心の上からはロシア人を軽蔑していたが、そのポーランドがロシアの属領にされたのである」と。そのように説明されると日本人にはポーランドがイメージしやすくなる。第二次世界大戦の末期、占領されていたナチス・ドイツからの独立を目指して蜂起したワルシャワの市民と街の運命は悲惨なものであった。市民が蜂起したことによって、かえってワルシャワの街は１００％に近いまでも破壊された。しかし独立後、人々は破壊されたワルシャワの「旧市街」を昔のままの姿に復元したのである。日本ならそのようにしただろうか。実用性を優先し、中世的な町並みを復元するよりは、近代的なビル街に作り変えたに違いない。都市は文明の顔であるといわれる。昔の姿をそのまま復元しようとするところに祖国に対する深い愛の現われを見る思いがする。ポーランド人は便利さや効率よりも自己のアイデンティティを選択したのである。結果としてみれば一斉蜂起による全滅と美しい古都の破壊は大損にも思えるが、これらを通して国民の祖国愛と団結心はさらに強まったのであろう。日本では愛国心を教えるということが議論されているが、美しい街並や美しい田園風景が祖国に対する愛を育むのであるということがポーランドを旅してわかった。それを自分の体の延長と考えるとき祖国に対する愛は自然に育まれるのであろう。私たちを案内してくれたワルシャワ大学の学生は自分たちの上の世代はどうかわからないが、我々の世代はドイツやロシアに対して変なわだかまりは持っていないといっていた。若い彼らに個を確立した自信と成熟した精神を感じ、明るい未来を想像した。

ワルシャワでは日本で院生経験のあるソルダンさんや、源氏物語を英語で読破したというワルシャワ大学の日本語科の学生が案内や世話をしてくれた。囲碁の方はワルシャワ大学の関係者等を中心に30人ぐらいが対抗戦を計画していてくれた。結果はやはりクラクフと同じようなものだった。結果的に、日本側の全体の成績は41勝57敗であった。リーダーの踏ん張りでやっとこの程度で収まったが、気分的には大敗という感じだった。日本は土地のみならず段位もバブルなのである。ポーランドで囲碁熱が盛んになったのは5年ぐらい前からで私が打った若者たちはわずか3年で、日本の5～6段に相当する力になっていた。急速な進歩をもたらしているのは若さに加え、囲碁クラブでの切磋琢磨、インターネットでの対戦経験の多さによるもののようであった。多くの若者が熱意を持って碁と取り組んでいる。それに対して日本はどうであろう。今回のメンバーと同様、碁会があれば平均年齢60歳というのが現状である。多くの若者の熱気と上達のスピードを見ていると、かつて仏教がはるばるインドから中国・朝鮮を経て日本に定着したように、囲碁はポーランドをはじめとするヨーロッパに伝わり定着し、インターネットの時代と相俟って、今後急速に普及し、もっと強くなり、そこが囲碁の世界の中心になっていくのではないかという思いさえ抱いた。今思い返してもそれが熱気に当てられた私の錯覚だとは思われない。囲碁は日本の専売特許ではないし、たとえ囲碁の中心が移ったとしてもそれはそれで囲碁にとってはいいことであろう。碁の本場の力を見せられなかったのは残念だったが、たくさん喜ばして大いに親善にはなった。それよりプロの平野正明先生の指導碁と講義はプロのすごさを知らない彼らにとって大きなプレゼントになったであろう。育ち盛りの若い打ち手にとっては、あたかもスポンジが水分を吸い込むような感じで実質1～2目分の上達というものすごい収穫になったのではないだろうか。御婦人方にはショパンのコンサートやミュージアム・オペラ鑑賞などが用意されてあったので我々は心置きなく囲碁三昧だった。ポーランドは遠い国だが、親日感情は強く、日本からの観光としては穴場みたいな国かもしれない。はるばるやってきたが、実際、対面して対局すればインターネット碁では得られない喜びと発見がある。これからインターネットでお互いに碁をやろうと

ワルシャワの街並み

いう気の合ったポーランドの若い碁敵もできた。実に楽しい旅だった。

ポーランドでの最後の夜、みんなそろって夕食をすませてからホテルへの帰り道、見上げると三日月がワルシャワの街を照らしていた。「おそらくこの街を二度と見ることはないでしょうね。」と私は正岡先生に尋ねた。先生もそう思っていたようだった。歴史の重さの中で人の命の短さを感じたのか、美しい街がロマンティシズムを刺激したのかわからないが、「いのち短し恋せよ少女、朱き唇　褪せぬ間に　熱き血潮の　冷えぬ間に、明日の月日は　ないものを」の歌詞とメロディーがレコードのように頭をぐるぐる回った。

（２００６年）

ブルガリア・ルーマニア囲碁旅行

ブルガリアにて

ブルガリアとルーマニアを訪ねる囲碁旅行に行ってきた。総勢11人（うち囲碁を打つもの6人）、団長は正岡徹6段である。ブルガリアへは直行便がないためヨーロッパ大陸の西端まで飛び、そこからヨーロッパの東端まで戻るという不経済な行き方しかできない。乗り継ぎの5時間という待ち時間も入れて20時間とは遠い国である。ヨーグルトと琴欧州以外、情報に関しても知識にしてもうすぼんやりとしている。ヨーロッパの火薬庫と習ったあのバルカンの地であるが、個人的には中学時代の教科書の知識を出ていない。第一次世界大戦はここから始まっている。しかし私どもには利害関係が複雑に絡まっていて、何が原因でどことどこの国が戦った等の内容に関しては実際のところはっきりわかっていないが、遠い国のことゆえ、わからないままでもそれで事足りてしまっている。現在の日本の若者の中には日本とアメリカが戦争をしたことすら知らないものがいるそうであるが、第一次世界大戦のことに関しては私とて同じようなレベルである。

さて囲碁の方であるが、正岡先生が事前にブルガリア囲碁協会やルーマニア囲碁協会に連絡をとり、対抗戦が計画されていた。到着の翌朝から泊まったホテルの会議室で2日間対抗戦が行われた。ブルガリア囲碁協会は3年前に設立され、いまでは15人ぐらいのメンバーがいるとのことであった。コンピュータプログラマー、数学者など理系の若い人たちが占めていた。一番強い人はイヴァノフ2段（20歳）で、わずか2年でこの棋力に到達している。日本では4～5段に相当するであろう。今度の世界アマにブルガリア代表として出場することになっている。昨年はワザロフ氏（2段）が代表で成績は3勝5敗であったそうである。ブルガリアはチェス王国である。去年のチェス世界チャンピオンがブルガリアから出ている。公園でもチェスの板を準備して賭けチェスのギャンブラーが5～6人待ちかまえていたことから想像されるように、チェスが娯楽の主流であり、まだ囲碁は一般の人々には知られていないのか入り込む余地がないのかもしれない。囲碁協会会長のワザロフ氏はチェスの協会から囲碁協会の存在をまだ認知してもらっていないと不満気であった。しかしイヴァノフ2段が「チェスより碁のほうがはるかに面白いのでチェスはもうやめてしまった」と言っていたことからして、今からその魅力が少しずつ浸透してゆくのではないかと思われた。囲碁人口15人という数はこの国のまだ浅い囲碁の歴史からしても多いというわけではない。しかし、囲碁の魅力を知っている情熱の量という意味では少ない数字ではない。子どもたちへの普及として、一つの小学校で子どもたちへ課外活動として週2回20人くらいに碁を教えているそうである。最初は五目並べからスタートし、碁石に慣れさせてから日本と同じようなやり方で教えている。教授法として「あたり碁」は伸びないので良くないという評価であった。

さて一日目の対抗戦は時計を使ってのハンディ戦で、日本側の20勝15敗であった。途中、在ブルガリア日本大使の福井浩一郎氏が応援に来られ、日本―ブルガリア対抗戦と友好に花を添えてもらった。普段我々は王室

在ブルガリア日本大使（中央）の来訪が囲碁対抗戦に花を添える

や外交官などの世界とは無縁に過ごしていて、その存在の有り難さを意識することはないが、このような場面を経験すると対外的な社交の場には絶対的に必要な人々であることが良く分かる。二日目はハンディなしのトーナメント戦であった。都合よく決勝にはそれぞれの国から勝ち上がったが、ブルガリアのトライコフ2段を破って正岡先生が優勝した。正岡先生は団長の責任はあるとしても、まさに今から発展しようとしている囲碁新興国の喜んでもらうべき相手に対して、花を持たせるどころか少し勝ちすぎる嫌いがないわけではない。私は2勝2敗と適切な星勘定であった。打ち上げではブルガリアのお土産をプレゼントされ、また日本からのプレゼントは特に囲碁の扇子が非常に喜ばれ、和気藹々の内に終わった。気持ちのいい人たちと碁を打てて実に楽しかった。

ソフィアの街の観光は散歩程度でほとんど囲碁ばかりであった。ただこの地に日本の徳洲会病院が1億ユーロ（160億円）の資金を出して昨年12月に新たな病院（徳洲会ソフィア病院）をオープンさせていたので見学させてもらった。地元の人々には近代的な設備を有するということで、非常に評判が良かった。囲碁のスポンサーとして子どもたちへの囲碁普及のためにその資金のうち100万円でも数年間援助してくれたら、人々の幸福につながる文化的貢献ができるだろうにと思った。はるかに少ない投資で、もたらされるその価値は病院による社会的貢献に負けないくらいのものであると思うがどうであろうか。

次の日はルーマニアへの移動途中にある、古都ヴェリコ・タルノーヴァに一泊した。日本語をしゃべるガイドのアントンさんによれば、5月が新緑の最も美しい季節であるそうである。日本のそれとは大違いでバスが走る道端にはナイロン袋や空き缶等のごみがひとつも落ちていなかった。広々とした平原や、なだらかな丘のようなバルカン山脈を越えていくバスの窓からは美しい田園風景の中に統一的にレンガ色の屋根と白い壁をもつ家々が眺められた。これらの美しさは「文明とは秩序美である」ということを体で知っている住民たちの美意識と努力よって懸命に残されているのであろう。

ブルガリアは東ローマ帝国（別名ビザンチン帝国）の支配のあと、近年までオスマン・トルコに500年間支配された歴史を持っている。古都ヴェリコ・タルノーヴァは支配から一時的にも独立した時期の古都である。ブルガリアの観光はバスの窓から見た風景とこの地の圧政下に建てられ、人々が祈り続けた東方キリスト教会の見学等であった。元はひとつの幹から枝分かれした宗教が、年月と土地に醸し出されてそれぞれ違う印象の宗教に変わっていくことに興味を持っていた私には観光はそれだけで十分であった。洋に東西があるようにキリスト教にも東西がある。教義の解釈をめぐって東西二つのキリスト教会は1054年に分離し、それぞれの道を歩いてきた。そして、互いに相手を破門して、自分たちの教会のみが正統な使徒継承の教会であるとした。我々は西の宗教とその歴史しか習うことがないので東方キリスト教のことをよく知らないでいる。西のキリスト教はルネッサンスと宗教改革を経て合理主義を生み出した。一方、東のキリスト教はイスラム、モンゴル、共産主義による迫害を受けながらも、その伝統性のゆえに強く耐えてきた。オスマン・トルコの支配下で目立たないように民家のように建てられた教会の内部はイコンの絵で埋め尽くされていた。人々の心を支えてきたのはイコンの絵に代表される東のキリスト教であったことは想像に難くない。イコンは拙くぎこちない絵に見えるが、描き方は厳格に決められていて、１０００年以上そのままの描き方であり、基本的には図像を勝手にかえることのできない性格のものである。このように伝統を重視している点、東方教会のほうが昔のままの姿で残っているのかもしれない。人々を癒してきたイコンは今日、美術的価値が見直されている。ちなみに五木寛之氏の「ソフィアの秋」は金儲けのためにバルカン山脈の中の人知れぬ小さな村にある古いイコンをめぐる詩情あふれる短編小説である。確かに昔の風情を残すブルガリアの村はそれ自体が詩になっていて、小説の舞台にふさわしいものである。物置小屋から値打ちのある古ぼけたイコンが出てきそうな雰囲気がある。

分裂の歴史が長く、双方の教会の基盤となった民族、風土の違いから、外見はまるで違った印象を与える二つのキリスト教の存在は、部外者にとってどちらが優れているかという優劣の問題でもなく、また教義の正邪に費やされた万巻の書物も無価値なものでしかない。囲碁の変化の分岐点では「それも一局の碁、これも一局の碁」という便利な言葉で片付けてしまう。無限の変化の中に人知の及ばぬ世界があることを知っているからである。むしろそれは対立より、別の道も認めるという思想である。分裂後の東西キリスト教の成り行きは、囲碁の目から見れば、どちらも一局の碁ということになるのかもしれない。ブルガリアで囲碁を打った人々に話を聞くと、彼らは表面的にはブルガリア正教徒といっても教会にも行くことはなく、宗教にあまり興味を持っていなかった。日本人が一応仏教徒といってもそれが生活の中に入っておらず己の精神のバックボーンとなっていないのと同じようなものかもしれない。私たちが会ったのは若い世代の人々だったからかもしれないが、ずっと彼らの心を下支えしてきた宗教も少し色褪せてしまっているように思えた。しかし、それは多くの政治力学的プレッシャーから開放されたということでもあり、それなりの意味があることなのかもしれない。

ルーマニアにて

ブルガリアとルーマニアの国境をドナウ河が流れている。2つの国を結ぶ橋はたった一つであり、「友情の橋」と名づけられていた。そのような名前をつけることから想像するに、隣国同士ある種の緊張の歴史があったということであろう。同じビザンチン文化圏で東方教会の宗教を持ちながら、ブルガリア人はかつて広大な王国を持った歴史の誇りを、ルーマニア人はローマの末裔であるという誇りを持ち続け、時には誇り同士が反発しあう磁石になっている。隣国はお互いが堂々たる他人として存在することが一番であるが、両者ともその2国間の関係以上にビザンチン帝国、オスマン・トルコ、ロシア等の大国の政治力学の中で木の葉のように揺れ続けてきた歴史を持っている。

国境近くの街で乗り換えたバスはドナウ河を越えてルーマニアに入った。あちこちで工事が行われており、側溝を備えたきれいな道路が整備されつつある。しかし、ひどい日本のそれとは比べる必要はないが道端のごみも目立つような気がした。ごみはこの国の急速な経済発展を現しているのであろう。この国を覆った共産主義の名残かもしれないが、銀色や赤茶けた屋根の農村の家々は色彩に統一性がなく、ブルガリアと比べそれほど美しさを感じなかった。

ブカレストのホテルに着くと少女のような笑顔をした大柄の婦人が花束を一人一人に手渡して迎えてくれた。一瞬、ルーマニアのホテルではそんな歓迎をしてくれるのかなと思ったら、碁の図柄の入った名刺をもらい、それがルーマニア囲碁協会広報担当のマレリーナさんであることがわかった。彼女はわれわれのブカレスト滞在中の観光やオペラの鑑賞、それに碁のクラブでの対抗戦などのスケジュールをすべてアレンジしてくれていた。ルーマニアの首都、ブカレストはかつてバルカンのパリといわれた美しい街だったが、共産主義の時代に多くが破壊されたとガイドブックには書いてある。マレリーナさんは共産主義時代に建てられた建物をアグリー（醜い）と非難していた。確かに威圧感を与える建物はポーランドでもそうであったが、芸術家が設計に加わっていたようには思えない。今は街のあちこちで昔の建物が修復されつつあった。そのうちガイドブックの記載も変わるのではないだろうか。１９８９年、ルーマニアは人々の力で共産主義に決別した。共産主義は、理論的には、善人だけで構成されている社会でのみ存続可能な制度である。実際の人間社会はそうではない。それを宗教が飼いならしてきたが、それなしに社会を維持しようとすると硬直した権威を振り回すしかない。このような制度下で権力を得た場合、その地位の維持のみが重大事になる。共産主義時代、チャウチェスク大統領の独裁の下で人々が被った悲

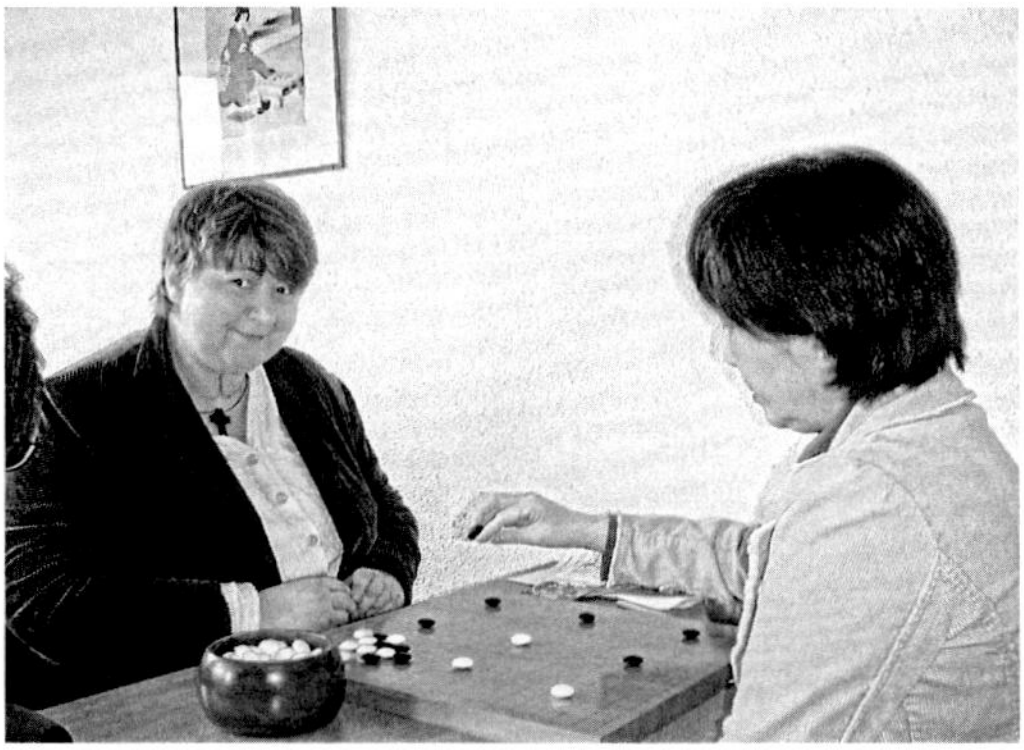

マレリーナさんとの親善囲碁対局

惨な歴史はこの情報化の時代、世界の人々が知っている。その時代の生々しい記憶をマリレーナさんから聞いた。人口は国力であるという思想は戦時中の為政者の考えるワンパターンの思考である。チャウチェスクの時代、女性は4―5人を産むことを強制され、劣悪な環境の中での出産で多くの妊婦が死んだという。人口も15%ほど増えたものの、一方では貧困や混乱の中、多くの子どもたちが孤児にもなった。政権崩壊後、ルーマニアの孤児たちがイギリスなどで養子として大切に育てられた。しかし、劣悪な環境で愛情のない幼年期を育った孤児たちは、成長しても対人関係に支障をきたす障害を継続的に持つことになるというショッキングな事実が明らかにされた。ルーマニアの孤児たちは世界の人々に、幼年期の養育の重要性を教えるという点で児童青年精神医学上に悲しくも重大な貢献をしたのである。小児科医としてルーマニアの悲劇を子どもの受難を通して理解していた私はそのことが頭にあり、興味を持って街の子どもの様子を見回していた。そのころの同時代の子どもたちも今では20歳以上の若者になっているが、今その「団塊の世代」が国の外へ出て働き、国の経済の20%の外貨を稼ぎ出し国に貢献しているという話を聞いてなにやら光を見たような気がした。

囲碁のほうも共産主義崩壊後人々が自由を得ておおっぴらにできるようになったらしい。ブルガリアとは違い、ルーマニア囲碁協会は20年の歴史があり、今では国全体で20余りのクラブがあり、囲碁人口は数百人いるそうである。

翌日いつも囲碁仲間が集まる囲碁クラブに連れて行ってもらった。古いアパートの6階の一室である。囲碁のポスターが所狭しと張ってあったりして昔の場末のクラブのような雰囲気である。日本の囲碁雑誌もおいてあった。女性陣にとっては綺麗で快適な囲碁クラブというわけにはいかないが周りがそんなであり、贅沢はいえない。今はみんな自由に碁ができるだけで幸せなのだろう。ここでは自由対局だった。私は7子、4子の置碁を打った。強い人の教えの通り、始めは三々に入らずになるべく勝負を長引かせるように打つことを心がけた。置碁ではそのようにしてカウンターパンチを辛抱強く狙うしかない。外国人特有の筋肉質の力の強い相手であったが、幸い2局とも勝利した。中学生も5人ほど学校が終わってから来ていた。マレリーナさんによると碁の強い12歳の美少女で数学・音楽・絵などなんでも良くできる天才少女がいてルーマニアの囲碁界にとって楽しみであると話しており、対局を楽しみにしていたがその日は来なかった。クラブではルーマニアのプロ棋士、カタリン五段や院生経験者のポップ氏が指導者であり、ポップ氏は今年の世界アマのルーマニア代表である。我が正岡先生も2子では全く歯が立たなかった。この日の成績は日本の10勝5敗であった。碁が終わってから旅行のメンバー全員と日本料理屋でカタリン五段とポップ氏を交えて最後の夜を楽しんだ。カタリン五段も激動の時代が終わってすぐに碁のプロになるべく日本へ行くあたりの情景を話してくれた。少しでもめぐり合わせがずれていたらプロになっていなかっただろうということであった。それぞれの人に歴史が直接的に重くのしかかっていたのである。激動の時代が終わったとしても、政治力学の緊張は続いている。たとえばかつてソ連の陣営に取り込まれていたポーランド、ルーマニア、ブルガリアは現在イラク派兵に参加している。ロシアの脅威への対抗上、アメリカのご機嫌とりで悲しい忠誠心を示しているのである。アメリカのご機嫌とりという意味では日本と同じである。もはや大国が力でねじ伏せるような時代にはならないとしても重しが取れた分、小さな争いはむしろ増加している。多民族の住む隣国のユーゴスラビアでの国の四分五裂・紛争・住民同士の殺し合いはごく最近のことであった。ガイドのアントンさんはどの国が悪いというのでもなく、みんながが悪かったのだと説明してくれた。今までの時代背景のコンテクストの中にあってヨーロッパでは共存の道への模索が真剣に検討されている。イギリスの教育学者ジャクソン教授は「多文化・多宗教の社会で平和に共存していく最小限の目標として、学校はまず、自分がどんなに否定することでも忍耐できる心を養うべきです。さらに他者が大切にする価値や伝統に対して敬意を持つよう教えたい。そして異なる信仰や慣習を持つ人々との出会いが、自分を豊かにもしてくれる学びであることを理解させたい。」と言っている。子どものときからの他者理解の教育が大事である。囲碁十訣には貧不得勝（貪れば勝ちを得ず）として「最後に1目でも勝っていれば勝ちとなる囲碁の対局では、相手にも部分的な勝ちを譲りながら打つことが大切」という、究極のアドバイスがある。このように囲碁はその中に自ずと上記の精神と教訓を含むすばらしい教材であり、コミュニケーションの手段となりうるものである。私たちも囲碁のおかげで楽しい出会いがあり、すぐ友達になれた。このような多民族の国でこそ囲碁がますます広がって、本来持っている人と人を結び付けるその力を発揮してほしいものである。

帰りは早朝早くの出発であった。またフランクフルトまで飛び、日本へ引き返すことになる。空港での待ち時間5時間はインターネットや携帯の碁盤を使って碁でしのぎ、退屈せずにすんだ。本当に碁漬けの旅だった。

飛行機がロシアの上空を飛んでいるとき、右手はるか向こうの雲の下にブルガリアやルーマニアがあることを思い浮かべると、あご髭をのばしたイヴァノフ君、笑顔のマリレーナさん、イコンの母子像などが目に浮かんできた。そして、今回もいい旅だったなという思いがこみ上げてきた。

（2007年）

クロアチア・ボスニア囲碁旅行

囲碁は世界共通の言語であると同時にお互いの心を通じさせる力を持っている。――世界アマにイスラエル代表として参加した14歳のアリ・ジャバリン選手は「ボクはイスラム教徒だけど、ユダヤ人の囲碁の集まりにも参加するよ。当然、碁も打つさ、仲良くね。囲碁は平和の象徴だよ。そうだろ?」と言っています。――吉田直樹 著「子どもを育てる碁学力」

旧ユーゴスラビアの解体後18年になり、経過の中で一時的に紛争はあったものの国情も落ち着いているということで、今年はいつものグループで恒例になった囲碁・観光旅行でクロアチアとボスニアに行くことになった。インターネットの碁を通じて友人になったボスニアのブリック(Bulic)氏から是非にと招待を受けたというのがきっかけである。彼は2007年度の世界アマのボスニア・ヘルツェゴヴィナ代表として来日している一方、同じ国に住む民族同士が凄惨な争いを演じたことへの解決策の一つとして、子どもたちに囲碁を教え、囲碁によるコミュニケーションを通じて民族の融和を夢見ているのである。ブリックさんは我々の訪問を碁のさらなる普及に役立てたいと思っているのである。私どもは彼のそのような情熱に引かれて行ってみようという気持ちになった。空路クロアチアのザグレブに入り、バスでボスニアのバニャルーカへ移動し、その後は世界遺産になっているモスタルを通り再びクロアチアのドブロヴニクに達し、そこから空路で帰ってくるというコースである。碁はザグレブとバニャルーカで地元の人々と打った。

クロアチア　ザグレブにて

ホテルに着くまでフランクフルトでの待ち時間を入れて17時間ぐらいかかった。空港にはGOのプラカードを持った手配のガイドが迎えに来てくれていた。疲れ果ててぐっすり眠ったが、朝は中心街にあるホテルなのに小鳥のさえずりで気持ちよく目が覚めた。午前中は小雨で、傘をさしての散策でザグレブ旧市街地をガイドが案内してくれた。ウィーンやブダペストを建設した工人達が動員されて造られた街である。オーストリア・ハンガリー二重帝国の支配下にあっただけに優美で落ち着きがある。遠足の高校生らしい一団が我々を見て「こんにちは」と声をかける。「中国人や韓国人も姿は似ているはずなのに日本人ってわかるのですかね」と聞いたらガイドはわかりますと言った。身体的な特徴や服装からだろうか。西洋人はどこでわかるのかは聞きそびれたが、卑弥呼の時代、倭といわれた民族の末裔としてはむしろ聞かないほうがいいのかもしれない。夕方6時から碁会である。リエカと地元ザグレブのメンバー15人ほどがレストランの2階に集まっていてくれた。ほとんどが10歳代の若者である。クロアチアの碁界の代表者であるムタブジャ（Mutabija）氏（5段）はこの日のためにわざわざ180キロも離れたリエカからやってきてくれた。そしてこの碁会をオーガナイズしてくれた。彼は1968年と1971年のヨーロッパチャンピオンという実力者である。日本にも世界アマの代表として11回も来ている。数学の教授になっているが、威張ることもなく他人に微塵も威圧を与えないおだやかな紳士であった。約40年前わが正岡先生がドイツに留学していた折、彼はまだ学生であってその時に碁を打ったそうである。従って二人にとっては40年ぶりの碁である。お互いによき年齢を刻み、長い月日を経ての対局は感慨深いものがあったに違いない。私はかってのヨーロッパチャンピオンと我らのグループの最強者との勝負にとても興味があったが、彼にわれらの二枚看板（吉本及び正岡の両先生）は討ち取られてしまった。私は20歳の電子工学を専攻しているという大学1年生（1級）と3子で対戦しやっと1目の勝ちだったが別の学生（2級）には負けてしまった。囲碁を始めてわずか3年で日本の2段ぐらいになっているのである。クロアチアでの囲碁事情を聞いたところ、ザグレブで15人ぐらい、リエカで5人ほどが固定したメンバーだそうである。子どもに学校で積極的に教えているという会社員もいた。時計を使っての真剣勝負の感じであったが、各々相手を変え2局ずつ対戦し、われわれ8人の成績は合計4勝12敗と惨敗であった。今度の世界アマは弱冠14歳のMatej Zakanj君（3段）が出場することになっている。彼もまたわれわれの二枚看板に勝っているので活躍が大いに期待される。

正岡先生とムタブジャ氏の囲碁対局
（ザグレブにて）

　碁会の後で一階のレストランでアドリア海の豪華な魚料理を夕食に御馳走になった。１９９８年に行われた世界アマにムタブジャ氏に同行した娘さんがそのときの体験を「日本への旅」と題した小冊子にして出版している。私たちもそれをプレゼントされた。若い感性と知性に溢れた目から見た日本は驚きと好感の国であったようである。冊子を読むと日本滞在中は古くからの友人である小林夫妻に世話をしてもらったことがわかるが、彼らのわれわれへの歓待の一部は、そういった日本人から過去に受けた親切へのお礼だったのかもしれない。

ボスニア　バニャルーカにて

次の日、ホテルを9時に出てバスでボスニアへ移動した。ボスニア・ヘルツェゴヴィナは北部のボスニア地方を主とするスルプスカ共和国と南部のヘルツェゴヴィナからなる連邦国家である。スルプスカ共和国の首都がバニャルーカである。前者には主としてセルビア正教のセルビア人が、後者はカトリックのクロアチア人とイスラム教のムスリム人が住んでいる。多民族国家のためボスニア・ヘルツェゴヴィナ紛争が起こったのは記憶に新しい。メーデーと週末が重なり、交通渋滞の中でクロアチアからボスニアへ国境通過には1時間かかった。バニャルーカに昼過ぎに到着し、昼食後街をガイドと散策したがあいにく休日と重なり店は閉まっていて閑散としていた。日本人は珍しいらしくよく注目される。トルコ系の顔をした人々もよく目にした。セルビア正教の教会でたまたま結婚式にでくわした。牧師の祈りの言葉が音楽のように教会の中に心地よく響き渡り、私たちも癒される感じがした。参列している子供から老人まで祈りに合わせて胸で十字を切る動作がさまになっていて、深く宗教が根ざしていることを感じた。街には時を知らせる教会の鐘が響き渡り、それだけで落ち着いた気分になる。生活の中でこのように宗教が深く根ざし、人々の心を作ってきたのは確かであろう。一方、それが紛争の原動力にもなった。同じ南スラブ人で同じ言語を使うのに歴史の中でカトリック、セルビア正教、改宗を強制されたイスラム教により3つの民族に分かれている。国家とは何だろうか。民族とは、民族が他民族と区別されるものは要するに、思考法や行儀作法をふくめた暮らしの型にすぎないという。この国に来るに当たり、私は国家や民族のことを改めて考えてみたいと思った。司馬遼太郎さんは自分自身が青年時に戦争に招集され、重い国家を体験している。さらに少数民族に愛情と興味を持って多くを語っている。国家や民族のことを語らせるにはこの人が最適である。観光ガイドブックのようにこれら国家・民族の問題の最もよいガイドブックとして司馬遼太郎さんの本「日本人の内と外」「民族と国家を超えるもの」「人間の集団について」「歴史と風土」を持ってきた。昔読んだ本でも民族問題の噴出したバルカンのこの地で改めて読んでみたら、新たな言葉として私の体に入ってきそうな気がしたからである。司馬さんによれば、民族は国家以上に厄介であるという。民族というのは非常にすばらしいものであると同時に恐ろしいものである。ひとたび人間が正義をかざしファナティック（狂信的）になったときに、いかに残酷になれるかはこの紛争でよく分かる。しかし、その根は外からみるほど単純ではない。民族問題は歴史の産物であり、ある時期に他の民族からやられたという恨みが延々と残ってしまう。だから民族問題は結局恨みなのであるという。国家の圧力が減少した結果、民族問題が噴出しているが、いま民族を超える原理がないのだという。司馬遼太郎さんは個別的な解決方法はなく、ケースごとに人間と人間が顔をつき合わせて解決してゆくしかないと述べている。碁は顔と顔を突き合わせ碁の言葉でコミュニケートする。そして打った人とはすぐに親しい気持ちになれる。碁に魅せられ、碁にその力を期待しているブリックさん達の思いは紛争の悲惨な歴史からすれば大甘の布石ではあるが、民族融和の未来を仰ぎ見れば宇宙流の壮大さがある。地道な活動が碁の厚みのように歴史によい影響を与えることを願うばかりである。市内観光のあとは夕食会と歓迎会である。ブリックさんとスルプスカ共和国囲碁協会会長のVodenik氏が来てくれた。その他に日本の国立循環器センターに留学していたというスルプスカ共和国医師会会長のLazarevic氏（心臓外科医）が来てくれた。1年半日本にいて、日本語は達者で日本に好印象を持っていた。当地の医療事情についても興味深く話を聞かせてもらった。彼らも我々を歓迎するためにやってきてくれたのであろう。夕食後、民族舞踊の宴も準備していてくれた。多くの文化が混ざり合った音楽と踊りはわれわれ日本人にはとても珍しいもので彼らの心尽くしのもてなしが心に沁みた。

バニャルーカの2日目は碁会である。5時から泊まっているホテルで碁会が始まった。会場入り口で若い女性がゆかた姿で迎えてくれて驚いたが、聞いてみるとそれはブリックさんの娘さんで彼が世界アマで日本のお土産に買ってきてくれたものだそうである。9歳から20歳ぐらいの若者を中心に15名ほど集まり、われわれの8人と対局した。初めにバニャルーカにおける碁の活動をビデオで紹介してくれた。世界で最も美しいゲームがこの街にやってきたのは1963年であるというふうに紹介されている。そのときユーゴスラビアではじめて碁を打ったのが先述のVodenik氏で、当時は高校生であった。囲碁クラブが1965年に設立されたが、1967年にセルロースの工場の建設のためにやってきた約50人の日本人技術者たちは日本から遠く離れた当地で碁が打たれていることを知り、驚いたそうである。彼らは碁の本や、囲碁セットを提供したり、碁のトーナメントの企画や小さな囲碁教室を開いてくれたりしたおかげで、囲碁クラブはおおいに発展したという。今でも安田、今井、加藤、北側、西川、小島、益田氏など、その時の日本人の名前を記憶し、感謝しているのである。その後1970―80年ごろは囲碁クラブとしてヨーロッパの中でもトップの隆盛を極めたという。しかし1985―92年の内戦時、完全に活動は停止した。戦争が終わって、再び1998年からボスニア・ヘルツェゴヴィナ囲碁協会が結成され、徐々に活動が広がっている。ボランティア活動として現在10の学校に出向き350人ほどに碁を教えているそうである。私はかつてブリックさんからそのことを聞いて9路盤の紙の囲碁セットをおすそ分けして送ってあげたが、それが大いに役立っていて、もう100セットのうち半分しか残っていないといわれた。2009年3月にはヨーロッパユース囲碁選手権を主催し、16カ国から150人の子どもが集まったそうである。ヨーロッパユース囲碁選手権の市民への紹介記事では碁のことを日本の古くからのゲームと紹介していた。このように彼らの間では碁は密接に日本と結びついているようである。碁に接した子供たちが日本語を学ぶことに興味を持ったり、日本に留学する夢を持ったりしているそうである。彼らは囲碁会館をこの地に建て、日本ボスニア友好文化会館に発展させることを夢見ている。日本大使館も彼らのこれまでの活動を高く評価し条件がそろえばODAの草の根文化プロジェクト（1000万円）として援助を約束してくれているそうである。費用対効果からみても日本との友好関係を築くにはとても有効な手立てのように思える。早く彼らの夢がかなうことを願っている。さて碁会であるが、一番強いドラガンさん（4段）は正岡先生に4目負けだったが、吉本先生に中押し勝ちだった。碁を習って1年の私の妻（12級）は多くの白星を子供たちにプレゼントしてもっとも友好に貢献した。囲碁は強いばかりが価値のあることではないということかもしれない。

碁は楽しみばかりでなく、その戦略には捨石や厚みといった人生に役立てる智慧が含まれている。クロアチアやボスニアでの親切や歓迎も、碁の言葉で言えば今までに関わってくれた人々の厚みの効果であったともいえる。民族問題は恨みの集団的記憶だという。恨みは消え去らないが、それに対する報復は、自分の心に刺さった棘を抜かずに怨みの対象となる相手の心に棘を刺す行為とも言える。たとえ一時的な気休めは得られたとしても決して苦しみの解決にはならず、続いてゆく。仏教は日本人に内観の目を与え、我執を離れることを教えた。これまでの内戦で犠牲になった人々のことを歴史的な大きな目で見れば、今後の民族融和のための捨石や厚みになってくれたのだと理解していくのが一番賢い智慧のように思えるが、どうなのだろうか。自分の文化が唯一正しいという考えではなく、他の文化を驚きと興味の目で理解するようになれば、人類に救いはあると司馬さんは言っている。碁を始める前にはお願いしますと挨拶をするのが礼儀である。これの意味することは相手を敬い、教えを請うという精神である。自分だけ良かれとむさぼれば破れ、調和の大切さを教えてくれるのが碁である。内戦のあったあの国の子どもたちも碁の面白さだけでなくいつの日かその深さも汲んでほしいものである。

次の日から詩情溢れるモスタルを経てドブロヴニクまでボスニア・ヘルツェゴヴィナを横断した。いくつかの街で弾痕の残る家々を通り過ぎた。内戦により20万人の死者と200万人の難民が生まれたという。空っぽになっている家も多く見られた。個別には亡くなった人、立場が逆転してもはや戻ってこられない人等、色々な原因があるに違いない。ボスニア・ヘルツゴヴィナでは復興の援助と思われる日の丸を描いた公共バスが走っていたが、日本人観光客はほとんど見かけなかった。人々が心配してくれたような危険なことはなにも感じなかった。バスの窓から見たボスニア・ヘルツェゴヴィナには観光化の商業資本に毒されていない手つかずの美しい自然が残されていた。

ドブロヴニクはアドリア海の真珠と例えられるぐらい本当に美しい街であった。城壁でかこまれた街の目の先の海を、オスマン・トルコやベネツィアの船団がこぎ渡る中世のダイナミックな世界が容易に想像できた。1週間があっという間に過ぎ、われわれのグループの第一陣（8名）は先に帰ることになる。あとのグループ（5名）はアドリア海クルーズを楽しむ時間が残されている。あとで聞いた話によると、碁の病気にかかった3人を含む第二陣では、観光そっちのけの面白い旅が続いたということである。飛行機が空港を飛び立つと、アドリア海からそのまま壁のようにそそり立っているディナルアルプスが、海岸沿いにずっと続いているのが見えた。海に暮らす人々と内陸部を隔絶し、内陸部でもわずかな行き来をしか許さなかったディナルアルプスの地形が理解できた。石灰岩でできている山地は植物相も貧弱で、生産性は少なく人口も多くは養えなかったはずである。当然、大きな王国を作ることもなく、周りの大国のなすがままにされ続けたに違いない。この国を地上からと飛行機から眺め、私はやっと火薬庫といわれたバルカンの歴史を理解できた。この地球的な地殻変動でできた国土が、バルカンをバルカンたらしめたのであるということを。飛行機の中で気分の大部分を歴史の重みへの思いが支配し、旅の終わりというセンチメンタルな感傷は起こってこなかった。

（2008年）

ドブロヴニク風景

スコットランド・アイルランド囲碁旅行

スコットランドにて

例年の囲碁旅行でスコットランド・アイルランドに行くことになった。

17人のメンバーのうち、碁を打つ者はご婦人方3人、男性9人と例年とほぼ変わらないが、今回は団長の正岡徹6段に加え吉本祥生8段の2枚看板が厚みを作る。両者とも本誌2008年春号に載っているがさまざまな分野で社会的にも多くの業績を残している重鎮である。それに加え、碁もお互いに相譲らずという好敵手である。

スコットランドではエジンバラとフォート・ウイリアムスを訪れることになっている。またゴルフをする人にはあの有名なセント・アンドリュースでのゴルフが組み込まれている。

4月27日関空を飛び立ち12時間ぐらいでフランクフルト、さらに2時間でエジンバラに着く。私にとってはだんだんエコノミークラスでの移動もひと仕事になってきた。

スコットランドの首都、エジンバラはその名前を聞いただけでも貴族の高貴さが匂うが、実際街全体が世界遺産になっていることから分かるように、巖山の上に立つエジンバラ城を中心に発展した中世の名残を残した美しい街である。２００年前、街が拡大するにつけて行われたニュータウンの都市計画でも60年をかけて計画的に街づくりを行ったという。文化的統一の下に作られた石造りの家々が立ち並び、しっとりとした落ち着きが感じられる。住んでいる人々の街を美しく作り上げようという意志が濃厚に認められる。これに較べるとアジアの混沌という形容詞が対立的な事象として鮮明に意識される。私たちが訪れた5月はマロニエの新緑が芽を吹き淡い緑が彩りを与え、一日のうちでも何回も晴れているのにこまかい雨が急に降り出してはまた止むという気候である。日照雨（そばめ）というのだそうであるが来て見ないとわからないものである。総雨量は東京の3分の1ぐらいだからそのことから雨の細さが分かるというものである。

エジンバラ城にて

　スコットランドとアイルランドはケルト民族の国であり、それ故にイングランドとの間に多くの闘争の歴史を刻んできた。基本的にはスコットランドは親仏路線を維持してイングランドの侵略をまぬがれてきた。その歴史の面白さは日本史のそれに匹敵するが、本の上だけでは薄っぺらな理解にとどまっている。両者は1707年に統一されたが、イングランドに対する対抗意識は今日まで続いているという。たとえばワールドサッカーでも他の国は国の代表がひとつなのにイギリスはイングランド、スコットランド、ウェールズが予選に出てくるのである。もしイングランドが日本と戦うことになったらスコットランドの人は日本を応援するだろうと言うくらいである。エジンバラでは現地人と結婚して20年同地に住んでいるという伊津子・オルストンさんがガイドをしてくれた。大学で学んだ英文学の素養をベースにしてイギリスの文化歴史に精通している知識を持ってガイドしてくれる。日本でいくら本を読んでも頭に入ってくる量は知れているが、ガイドを聞きながら歴史の登場人物が住んでいたお城や宮殿などの歴史的観光地を回るだけで英国の歴史を物語り風に理解することができる。自分がその空間に身を置いてみないと分からないものがたくさんある。

さて対外の囲碁試合であるが、われわれの泊まっているホテルに囲碁用の部屋を取り、スコットランド囲碁協会の碁打ちを招いての囲碁大会が3日間行われた。延べ12人が来てくれた。まとめ役のフィリップさん（8級）の話によるとエジンバラに碁のクラブが1つあり、週一回の活動でメンバーは14人いるそうである。ホテルのロビーで碁を打っていると周りの人にこれはなんというゲームかと聞かれた。エジンバラにおいてはまだ碁の認知度は低いようである。スコットランドチャンピオンのロビン・メラー氏（24歳・2級）は正岡6段に3子で勝ち、吉本7段にも3子で1勝1敗だった。2級といえども彼らは局所の読みでは高段者にほとんどひけをとらない強さを持っている。「世界アマの英国代表になって日本に来てください」という問いかけに「イングランドにはもっと強い人がいるので代表にはなかなかなれない」といっていた。正岡先生は「だから我々は負けないようにスコットランドを選んでやって来たんだ」といって周りを笑わすのである。アラン・クロウ氏（4級）は30年の碁歴があり、自慢の碁石と栗の碁笥を大事そうに持参しての参加であった。情報工学の大学院生のマイケル・スミス氏（2級）はさらに碁が強くなりたくて日本語を学んでいるとのことであり、わずか数年で我々の英語より達者な日本語をしゃべっていた。昨年日本に旅行し桜がきれいだったこと、下呂温泉に入り温泉が大好きになったこと、盆栽を育てていることなどを話してくれた。驚くことは、若い人は2～3年で日本の3－4段くらいに上達していることである。学びに対する集中度が違うのかもしれない。このようにスコットランドでは碁を打つ人の数はまだ多いとはいえないが、熱狂的な囲碁愛好家によって活動は支えられているようである。

食事は概して大雑把であまり日本人の口には合わなかったが、シーフードレストランで食べたムール貝の蒸し焼き1kgが9ポンド（約２０００円）で、2人で食べても満腹になるぐらいのボリュームで、味も値段も最もコストパフォーマンスが好いものであった。日本ではとてもそういうわけにはいかないだろう。

夜はスコットランドダンスのショーを見に行った。観光客が世界各地から集まっていて、司会者が外国のグループを紹介するとまた盛り上がるようになっている。タータンチェックの民族衣装を着た若い娘さんの飛び跳ねるようなはつらつとしたダンスのほかに、アンリーローリー等なじみ深い曲やバグパイプ演奏があり、最後は蛍の光（auld lang syne）で終演である。日本では別れの時にかかるしみじみした曲であるが、こちらでは再会を誓ってみんなで歌われる元気な歌である。日本の小学唱歌にはスコットランドやアイルランドの民謡が多く取り入れられている。ガイドが教えてくれたが、日本の明治初期とスコットランドはとても関係が深いそうである。文明国の手本として英国を見学に来た明治の高官は、スコットランドから多くの教師を招いたという。スコットランドでは人材を多く輩出していたからである。したがって歌も英語もスコットランドから取り寄せたということになる。このことが日本の唱歌にスコットランドやアイルランドの民謡が多い理由であろう。小学校時代にケルトの民謡のメロディに日本の美しい詞を付けた唱歌を歌うことによって日本人の叙情性がはぐくまれてきたことは確かである。もちろん、日本人はケルトの人々と感性が似ているという評論家もいるから日本人の叙情にぴったりあっていたのかもしれない。

ともかく、心に共通の歌を持つということはいいことである。映画「ビルマの竪琴」で太平洋戦争末期のビルマ戦線、英軍に包囲された小隊が「埴生の宿」を口ずさみ、英軍兵士が同じメロディを歌い、彼らがそこで闘うことはなかったというクライマックスシーンが感動を与える。実際の歴史ではそのようなことはなく作者のフィクションであるそうであるが、故郷や家庭を思う共通の歌が人間を結びつける象徴として使われている。その点、囲碁も同じである。一度碁を打てばそれだけですぐ通じ合うことができる。

エジンバラに3泊して、さらに北にあるハイランド地方のフォート・ウイリアムスの古城ホテルに向かう。移動はバスであるが美しい田園風景の中を進み、氷河で切り取られた山や細長い湖からなるハイランド地方へ入っていく。英国でも一番目の国立公園にもなっており、美しさはたとえようもない。かつて王侯貴族が住んでいたという古城は今、人気のある高級ホテルとして一般に開放されている。我々も一生に一度は古城ホテルに泊まってみたいということで旅行の中に組み込まれたものであった。ホテルは閑静な森の中にあった。大きな部屋の真ん中にバスがあったりして豪華なものだった。ただその豪華さの中で、トイレにウオッシュレットがついていないのが不思議に思えた。かつて泊まったヨーロッパのどのホテルでも見たことがない。メーカーにとっては大きなビジネスチャンスがごろごろ転がっているように思われるが、普及しない何らかの理由があるのだろうか。豪華なシャンデリアのある広いロビーでは2大巨頭のまさに正真正銘の「お城碁」が行われ、我々も囲んで推移を楽しんだ。結局正岡先生と吉本先生の「お城碁」は1勝1敗のあと、決勝の三局目は吉本先生の半目勝ちとなった。まさに実力伯仲の碁仇である。そして相手が「投げないので負けた」と言い合う気安い関係がうらやましい。どうも二人とも投げないことが勝つ秘訣という哲学を持っているようである。実際、抜きんでて強くなるには不利な時でも投げずにじっと我慢するという強靭な精神が必要なのであろう。このことは囲碁に限らず社会で大きな仕事を成し遂げている二人に共通する人生哲学でもあるようである。1泊したあとはアイルランドへ再びバスでの移動である。先述の田園風景が続き飽きることがなかった。イングランドの田園風景を司馬遼太郎さんは次のように書いている。「牧草に覆われた野や丘それに林、あるいはわずかに点在する田園の住宅。車窓が切り取ってくるどの瞬間もよく構成された絵画というほかない。ただ一種類なのだが見飽きることがないのは秩序がもつ魅力としかいいようがない。」スコットランドの風景もこの通りであった。その国家がどのような法律を持ったかよりどのような詩を持ったかというほうが尊敬されるそうであるが、特にケルトの人々の中では世界で最も詩人が大切にされるのだという。美しい風景は人のこころを豊かにし、創造性を育むものである。このようなところで育てば詩人が何人も生まれても何ら不思議でもないという気がした。これらの美しい風景に触れた今、日本へ帰ったらイングランドの片田舎に隠棲して田園の世界で自然を楽しみ心静かに思索した、ギッシングの「ヘンリ・ライクロフトの私記」を投げ出すことなくゆっくり時間をかけて読めるのではないという気持ちになった。

アイルランドにて

スコットランドの西海岸のストレーナから2時間かけてアイリュシュ海を越えベルファストへ渡る。ガイドに日本海の呼称を問題にすることが起こっているが、アイリュシュ海の名称は何か問題になっているかどうかとたずねたが、そんなことに疑問を持つことなど話題になったこともないということであった。

出航の待ち時間や船の中でも仲間は碁をしている。その船の上で私は司馬遼太郎さんの「愛蘭土紀行」を読んでいた。この本を読むのは3度目である。最初は10年ほど前、2度目はアイルランド行きが決まったあと、三度目がこの旅行中である。紀行記をその土地を旅行しながら読むのは私の大きな楽しみの一つでもある。船に乗り込む乗客の列の中にリュックを担いだたくましい感じの三つ編みにした赤毛の女性を見た。「愛蘭土紀行」にも赤毛の女性のことが出て来るのでそれだけで感激してしまった。赤毛は髪の中でも毛髪が一番粗剛だということをあとで知ったが、それゆえに「赤毛のアン」みたいに髪を編んでいるのだろう。アイルランドを語るにはイングランドとの関係をぬきにしては語れない。アイルランドはカトリックの国であり、このことを理由にプロテスタントの国、イングランドから７００年に及ぶ手かせ足かせを受け続けたという。司馬遼太郎さんはアイルランド・バスク・朝鮮など虐げられながらも独自の文化を維持し続ける国々が好きなようである。そのような国のことを愛情込めて書いているので、紀行記は歴史や文化の最高のガイドブックになっている。「愛蘭土紀行」の中でアイルランドの特徴を①カトリックでも絶対神とその厳格な教義を押し付けることなく土着のドルイッド教の神々を認めるような布教をしたこと、②そのためカトリック世界でアイルランドただ一箇所、小人や妖精が生き残ることを許された。③しかし、このカトリックを理由にイングランドからカトリック刑罰法で搾取され苛め抜かれた歴史を持つ、――このようなことからアイルランドの特異な文化や不屈の精神が出来上がってきたとし、一方ではこれらが文学上の想像力を飛躍させるのに役立っていると説明している。そして、数百万の人口に比し、ノーベル文学賞を4人も輩出するという文学史の中で大きな位置を占めているこの民族のもつ能力に驚嘆と深い敬意を示している。英国に対しては、カトリック刑罰法によるアイルランドに対する過酷時代を、英国史における少年期だったとしかおもえないと述べている。我々が世界史で良き者として習った印象のある清教徒革命の主人公、クロムウエルは自らの強烈な正義のもとに、アイルランドに攻め入り多くのアイルランド人を虐殺し、土地を奪い英国のプロテストタントたちに分配したという。独善的正義は昔も今も変わることなくしばしばこのような悪魔的なことをしでかすようである。これらの歴史から国土ぐるみ盗んだとしてアイルランドは反英的であり、一方英国と戦ったという理由でこの国は日本びいきなのだそうである。本のあとがきには「越してきた山河が書物のように思われて、ふしぎな国だった」と書いてある。本を読んで以来、行きたいと思っていたが、いよいよ司馬さんの愛したそのアイルランドに渡っていくのである。

アイルランドを九州にたとえると、大分県あたりが北アイルランドとして英国に組み込まれている。一昔前まで独立を目指すＩＲＡのテロで紛争が続いていた地域である。船が着いたその首都のベルファストからアイルランドの首都ダブリンへはバスである。車窓の風景は英国と同じ風景だが家の密集度がちがっている印象をうけた。農地がそれだけ狭くなっているのであろう。ダブリンは昔の建物が仕方なく残っているという感じである。エジンバラの建物と比べ風雪の中でくたびれている感じがする。国家として搾取されたという残滓がそのまま残っているという気がしなくもない。街の風景はおそらく19世紀のそのままではなかろうか。しかし今ではそれが古色を帯びてかえっていいということもある。確かに観光客も多かった。

ダブリンのホテルでアイルランド囲碁協会の人々と2日にわたって碁を打った。アイルランドの碁はアイルランド囲碁協会名誉幹事のジョン・ギブソン氏（2級）に始まるといっていい。1987年、チェスをやっていた彼が碁の本をみてから独学で始めたそうである。チェスは4段の腕前で、現在でもチェスもするが碁のほうが好きだということであった。それが現在ではメンバーはダブリンで100人、アイルランド全体で300人くらいに増え、囲碁のクラブはダブリンに1つ、アイルランド全体で4つあるそうである。子供らにも1000人ぐらい指導したそうであり、アイルランドの碁は今からますます伸びるでしょうということであった。このようにアイルランドでは囲碁は発展しており、2001年ダブリンで第45回のヨーロッパ囲碁選手権も開催されている。私たちはその時の囲碁浮世絵をあしらったポスターをお土産にもらった。やってきたのはみんな20歳ぐらいの若者で、碁の試合でも強かった。現在アイルランド囲碁協会会長のノエル・ミッシェル氏（2段）は世界アマのアイルランド代表

ダブリンの街角にて

にもなったことがあり、正岡先生、吉本先生に2子で完勝した。今回の世界アマのアイルランド代表は北アイルランドのイアン・デビス氏（1段）だそうである。政治的には分裂していてもアイルランドと英国領である北アイルランドの両者でひとつの国の代表を決めるそうである。この点、あれほどひどかった北アイルランド紛争も碁に関してはアイルランド島がひとつの国に統合されていることになる。碁は確かに政治や憎しみを越え、人々を結びつけるのである。司馬さんはノーベル文学賞をもらったジェームス・ジョイスの文学を、アイルランド人でないが故にちりばめられた多くの隠喩までを理解できないことをなげきつつ、「文学というものは絵画や音楽と違い国境を越えうるものではない」といっている。文学は国々の言語に範囲を規定されるが、囲碁は世界共通の言語体系といってもい い。ここでも碁が絵画や音楽と同様、あるいはそれ以上に国境を越え、人々を結びつける例を見てきた。今回仲良くなったアイルランドの強豪たちともインターネットでやることになった。いろんな意味で碁は確かに国境を越えるのである。

ダブリン市内の観光にも出かけた。「愛蘭土紀行」を読んでいた私には古人が歌枕をたずねてみちのくを旅したように司馬遼太郎さんが泊まったというグレシャムホテルを訪ね、そぞろ歩きをしたというオコンネル通りを歩いた。司馬さんがアイルランドに

ザ・グレシャム・ホテル（アイルランド滞在中司馬遼太郎さんが泊まったホテル）

来たのは1987年頃のことである。ギブソン氏によれば、アイルランドに碁が根付き始めたのもこの頃なのである。むろん両者には何ら関係はない。司馬さんが碁をたしなんだかどうかも知らない。しかし偶然の附合とはいえ、私の脳の中では二つの事象が神経回路で結ばれてその年代に淡い色彩をつけてくれるような新鮮な気分がした。私の人生は司馬遼太郎も碁も抜きにしては考えられないからである。1987年の頃と街の風景はほとんど変わっていないに違いない。司馬さんの目に映じたであろうその風景を私も目に焼き付けたかった。

ダブリンには2泊して、フランクフルトを経由しての帰国はホテルを早朝3時半出発という強行軍である。ダブリン発フランクフルト行きの飛行機のタラップを上るとき、見上げると空は晴れていて幸運の印というひつじ雲が出ていた。飛行機が離陸しようとしたとき、はるばるやってきたアイルランドの旅も終わりだなという思いの中で涙がこぼれそうになった。いい仲間と旅をさせてもらったこと、ガイドがスコットランド人とアイルランド人は性格が似ていて、人懐っこくて人がいいと教えてくれたように、確かに気持ちのいい人々と碁を打ち、「愛蘭土紀行」に書いてあるような日照雨（そばめ）の中を歩き、街角でアイリシュハープをひく女性や赤毛の女性を見てきた、遠い国でありもう来ることはないであろう、そしてなにより司馬遼太郎さんと一緒に旅をしてきたような気がした——それらの想いがいっぱいになり心から溢れそうになった。司馬さんが「世界の中で、人類がアイルランドというエメラルドのような田園を有していると思うだけでも気持ちがゆたかになる」と書いている——その緑なすアイルランドを高い上空から見納めておきたいと思ったが、飛び立つと窓の外はもう海の上だった。

（2009年）

あとがき

小児血液腫瘍医としての人生の前半は既に「小児がん病棟の窓から」（新風舎）や「いのちの語り部」（悠飛社）に書いている。本書はその後の自分の人生の日常をエッセーとして書いたことになる。私を知ってくれている知己や遠く離れてしまって会うこともない人に対しては、残された日々を自分なりにていねいに生きてきたという報告書、あるいは手紙のようなものである。そのほかにも山歩き、樹木、囲碁への興味のある人や私と同じく司馬遼太郎の愛読者等の人々が本書を手に取り読んでもらえる機会があり、本の中の私の思いの一部でも共有してもらえたら幸いである。

著者プロフィール

迫　正廣（さこ　まさひろ）

【経　歴】

1949年　鹿児島県生まれ

1974年　大阪大学医学部卒業

その後　大阪市立小児保健センター、大阪市立総合医療センター、

米国 St.Jude children's research hospital 留学、

大阪大学医学部臨床教授を経て

2004年　厚生会第一病院 ／ マリア保育園に勤務　現在に至る

【著　書】

小児がん病棟の窓から　新風舎　2004年

いのちの「語り部」　悠飛社　2009年

【連絡先】　認定こども園　マリア保育園

【住　所】　八尾市若林町1-22-5

【電　話】　072-920-2300

樹木への旅

2024年 10月 1日　第 1 刷発行

著　者　　迫 正廣
発行者　　岩本 恵三
発行所　　せせらぎ出版
　　　　　〒530-0043 大阪市北区天満1-6-8 六甲天満ビル10階
　　　　　TEL：06-6357-6916　FAX：06-6357-9279
印刷・製本所　株式会社関西共同印刷所

©2024 ISBN978-4-88416-313-6

本書の一部、あるいは全部を無断で複写・複製・転載・放映・データ配信することは、
法律で認められた場合をのぞき、著作権の侵害となります。